Diseño asistido por ordenador con AUTOCAD

avanza editorial

Editado por:
EDITORIAL FAE, S.L.U.
Correo electrónico: editorial@editorialfae.com

Diseño asistido por ordenador con AUTOCAD
Beatriz Coronado García

1ª Edición

ISBN: 978-84-1135-335-9

Impreso en España

Índice

U. A. 4. Técnicas de racionalización del diseño mecánico

U. A. 5. Modelado de piezas en 2D

U. A. 6. Modelado de piezas en 3D

Aplicaciones prácticas

Ejercicio de evaluación final

Solucionario

Bibliografía

Índice

U. A. 1. Introducción

Introducción

El diseño asistido por ordenador, conocido por sus siglas CAD (*Computer- Aided Design*), ha revolucionado el mundo del diseño, la arquitectura y la ingeniería. Con la evolución de la tecnología y la digitalización, las herramientas CAD como AutoCAD se han convertido en esenciales para profesionales en una variedad de sectores.

Esta unidad tiene como objetivo brindar una visión general del origen, la evolución y la importancia del CAD, con especial énfasis en AutoCAD. Conoceremos su historia, sus principales características y cómo ha cambiado el paradigma del diseño y la representación gráfica en España y el mundo.

Objetivos

- Identificar los hitos más importantes en la evolución del diseño asistido por ordenador y cómo ha impactado en las prácticas profesionales a lo largo del tiempo.
- Comprender la relevancia de AutoCAD en el diseño actual entendiendo las ventajas y aplicaciones de AutoCAD en distintos campos profesionales y reconociendo su valor como herramienta de diseño y representación gráfica en la actualidad.

1. Historia y evolución del diseño asistido por ordenador (CAD)

El concepto de Diseño Asistido por Ordenador (CAD) se originó a mediados del siglo XX, cuando los avances en computación comenzaron a ser aplicados al campo del diseño e ingeniería. El primer *software* CAD fue desarrollado en los años 60 y era utilizado principalmente en la industria aeroespacial y automovilística, dos sectores que demandaban una precisión y complejidad que las técnicas de diseño manual no podían ofrecer eficientemente.

Fig. 1. El Sketchpad, precursor del diseño gráfico interactivo, trazó el camino hacia la creación visual digital, liberando la creatividad con cada línea y punto

En 1960, el ingeniero estadounidense Ivan Sutherland desarrolló "*Sketchpad*", considerado como el primer programa de diseño gráfico interactivo. Aunque sus funcionalidades eran básicas en comparación con las herramientas actuales, sentó las bases para el desarrollo de programas más avanzados. Durante la década de los 70, el CAD empezó a popularizarse gracias a la disminución de los costos de las computadoras y a la aparición de *softwares* más amigables y versátiles.

En 1962, cuando la interacción con ordenadores se basaba en líneas de texto en pantallas monocromo. Ivan Sutherland, en un giro audaz, introdujo un lápiz con cable para interactuar con una de las máquinas más grandes de la época, transformando la percepción de cómo los humanos podrían comunicarse con estas máquinas. Esta innovación fue un precursor de las interfaces táctiles modernas que ahora utilizamos en dispositivos compactos.

En 1982, la empresa Autodesk lanzó al mercado AutoCAD, un *software* que se convertiría en un referente dentro del mundo del diseño asistido. Su interfaz gráfica, versatilidad y capacidad para trabajar con objetos en 2D y posteriormente en 3D, lo convirtieron en la herramienta predilecta para arquitectos, ingenieros y diseñadores.

Su evolución ha sido constante, adaptándose a las necesidades de la industria y añadiendo funcionalidades que han permitido desde el diseño de piezas mecánicas hasta la simulación de recorridos urbanísticos.

En España, el uso de herramientas CAD comenzó a popularizarse durante la década de los 80, en paralelo con el auge tecnológico que vivía el país. Instituciones educativas, empresas de ingeniería y estudios de arquitectura adoptaron rápidamente estas herramientas, reconociendo su potencial para mejorar la precisión y eficiencia del diseño. Con el tiempo, España ha visto nacer empresas y profesionales especializados en CAD, contribuyendo a la evolución y adaptación de estas herramientas al contexto local.

Anotación

El diseño asistido por ordenador ha transformado la forma en que se aborda el diseño en múltiples sectores. Desde sus humildes comienzos hasta las avanzadas herramientas de hoy, el CAD ha demostrado ser una herramienta esencial que sigue evolucionando, adaptándose a los desafíos del presente y anticipando las necesidades del futuro. En España, como en el resto del mundo, esta revolución ha dejado una huella imborrable, cambiando para siempre el paisaje del diseño y la ingeniería.

Con el avance de las tecnologías de la información y la digitalización, el CAD ha ido integrando capacidades como la realidad aumentada, la simulación y el diseño paramétrico. Estas innovaciones permiten una mayor interacción con los diseños, una simulación más realista y una adaptabilidad a distintos escenarios y necesidades.

Fig. 2. La capacidad de crear diseños detallados y realizar simulaciones virtuales ha transformado la forma en que se abordan los desafíos en la construcción y el diseño de infraestructuras

 **Saber más**

Mientras que a menudo asociamos el CAD con campos como la arquitectura, la ingeniería o la aeroespacial, es menos conocido el hecho de que el diseño asistido por ordenador también ha hecho mella en la industria de la moda. Los diseñadores de moda utilizan herramientas CAD para crear patrones, diseñar prendas en 3D y visualizar cómo caerán los tejidos en diferentes condiciones. Estos programas permiten a los diseñadores experimentar con colores, texturas y estilos sin tener que producir una prenda física, ahorrando tiempo y recursos. Además, gracias a la simulación, se pueden prever aspectos como el comportamiento del tejido o el ajuste de la prenda antes de su producción masiva.

2. Importancia y aplicación de AutoCAD en el ámbito profesional

Desde su creación en 1982, AutoCAD se ha consolidado como uno de los programas de diseño asistido por ordenador (CAD) más populares y versátiles del mercado. Su facilidad de uso, junto con una amplia gama de funcionalidades, ha permitido que profesionales de diversos sectores lo adopten como su herramienta principal de diseño.

Las ventajas de AutoCAD en el ámbito profesional son las siguientes:

- **Precisión**: AutoCAD permite a los profesionales crear diseños con un alto nivel de precisión, esencial en sectores donde los detalles y las dimensiones exactas son cruciales, como la arquitectura o la ingeniería mecánica.

- **Interoperabilidad**: El *software* es compatible con una variedad de otros programas y formatos de archivo, facilitando la colaboración y el intercambio de información entre profesionales y herramientas distintas.

- **Flexibilidad**: Con capacidades para diseñar tanto en 2D como en 3D, AutoCAD se adapta a las necesidades de diferentes proyectos, desde simples planos arquitectónicos hasta modelos tridimensionales complejos.

- **Automatización**: A través del uso de lenguajes de programación, como AutoLISP, los profesionales pueden automatizar tareas repetitivas, aumentando la eficiencia y reduciendo el margen de error.

Las aplicaciones de AutoCAD en diferentes sectores son las siguientes:

Arquitectura: AutoCAD es esencial para la creación de planos arquitectónicos, secciones, alzados y detalles constructivos. Además, con la ayuda de plugins específicos, puede generar simulaciones de iluminación, acústica y eficiencia energética.

- **Ingeniería civil**: Se utiliza para diseñar infraestructuras como carreteras, puentes, presas y sistemas de drenaje, permitiendo simular diferentes escenarios y soluciones.

- **Diseño industrial**: Profesionales en esta área lo emplean para diseñar piezas mecánicas, maquinaria y otros componentes industriales.

- **Geomática y topografía**: AutoCAD permite procesar y visualizar datos geoespaciales, creando mapas detallados y modelos de terreno.

- **Diseño de interiores**: Se emplea para visualizar espacios, seleccionar materiales y simular la distribución de mobiliario y decoración.

- **Urbanismo**: Planificadores y urbanistas lo usan para diseñar y simular desarrollos urbanos, zonificaciones y redes de transporte.

Dada su importancia en el mundo profesional, muchas instituciones educativas en España y el mundo han incorporado AutoCAD en sus programas de estudio. Ya sea en cursos específicos o como parte de carreras más amplias, aprender a manejar esta herramienta se ha vuelto fundamental para quienes aspiran a trabajar en campos relacionados con el diseño y la ingeniería.

El proceso de descarga e instalación de la prueba gratuita de AutoCAD 2024 es el siguiente:

1. **Creación de una Cuenta de *Autodesk***: Antes de poder descargar AutoCAD, necesitas tener una cuenta en el sitio *web* de *Autodesk*. Si aún no tienes una, dirígete al sitio oficial de *Autodesk* y sigue las instrucciones para crear una cuenta gratuita (*Autodesk* | *Software* de diseño, ingeniería y construcción en 3D).

Crear cuenta

| Nombre | Apellido |

Correo electrónico ✓

Confirmar correo electrónico ✓

Contraseña

- Al menos 1 letra
- Al menos 1 número
- Mínimo de 8 caracteres
- Al menos tres caracteres exclusivos

☐ Acepto las condiciones de uso de Autodesk y confirmo la declaración de privacidad.

CREAR CUENTA

¿YA DISPONE DE UNA CUENTA? INICIE SESIÓN

2. **Acceso al enlace de descarga**: Una vez creada tu cuenta, o si ya la tenías, ve al enlace de descarga de AutoCAD.

3. **Descarga de AutoCAD 2024:** Inicia sesión en tu cuenta de Autodesk a través del enlace proporcionado.

Una vez dentro, busca y selecciona la opción para descargar AutoCAD 2024.

El archivo de instalación comenzará a descargarse automáticamente en tu computadora.

4. **Ejecución del archivo de instalación**: Una vez finalizada la descarga, navega hasta la ubicación donde se guardó el archivo descargado (normalmente, la carpeta "Descargas" de tu equipo).

Haz doble clic en el archivo para ejecutarlo.

5. **Inicio del proceso de instalación**: Aparecerá una ventana con las instrucciones de instalación. Sigue las indicaciones en pantalla. Durante este

proceso, te pedirán que aceptes los términos de uso del *software*. Asegúrate de leerlos y, si estás de acuerdo, acéptalos para continuar.

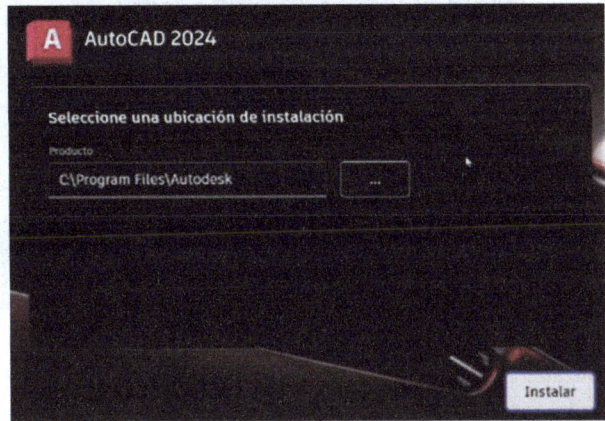

Elige la ubicación donde deseas que se instale AutoCAD. Si no estás seguro, puedes optar por la ubicación predeterminada que sugiere el instalador.

6. **Configuración de opciones**: En este paso, podrás personalizar algunas opciones de instalación. Por ejemplo, seleccionar el idioma en el que deseas que se instale el programa, entre otras preferencias. Ajusta las opciones según tus necesidades.

7. **Finalización de la instalación**: Después de configurar las opciones, la instalación comenzará. Este proceso puede tardar un rato, dependiendo de la velocidad de tu equipo y otros factores.

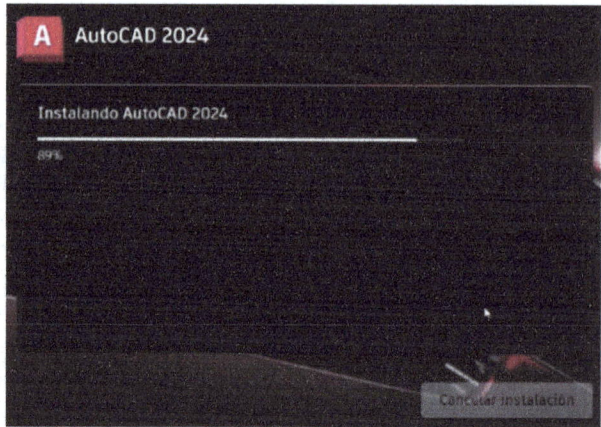

Una vez finalizada la instalación, puedes cerrar el instalador y abrir AutoCAD 2024 para comenzar a usarlo.

AutoCAD ha trascendido su rol original como herramienta de diseño para convertirse en una pieza fundamental en la toma de decisiones, planificación y comunicación en múltiples sectores profesionales. Su capacidad para adaptarse y evolucionar, junto con su amplia gama de aplicaciones, garantiza que seguirá siendo relevante y esencial en el ámbito profesional por muchos años más.

Resumen

AutoCAD es una herramienta de diseño asistido por computadora (CAD) desarrollada por *Autodesk*, que ha revolucionado la forma de trabajar en campos como la arquitectura, ingeniería, diseño, entre otros. Permite a los profesionales crear y visualizar diseños en 2D y 3D, mejorar la precisión, reducir errores y ahorrar tiempo.

El diseño asistido por ordenador (CAD) surgió en la década de 1960, pero fue en 1982 cuando *Autodesk* lanzó AutoCAD, marcando un antes y un después en el diseño digital. Originalmente pensado para ser ejecutado en PCs, AutoCAD democratizó el acceso al diseño digital, permitiendo a profesionales de diversas áreas beneficiarse de sus funcionalidades y precisión.

AutoCAD se ha convertido en una herramienta esencial en numerosas profesiones. En arquitectura, permite elaborar planos detallados y visualizaciones en 3D. En ingeniería, ayuda en el diseño y análisis de componentes y estructuras. También es relevante en campos como el diseño industrial e interiorismo. La capacidad de simular, visualizar y corregir diseños en tiempo real ha hecho de AutoCAD una herramienta indispensable en el mundo profesional.

Glosario

AutoCAD

Software de diseño asistido por computadora utilizado para dibujo 2D y modelado 3D, desarrollado por la empresa *Autodesk*.

Autodesk

Empresa que desarrolló y comercializa AutoCAD, además de otros *softwares* de diseño y animación.

Bloque

Conjunto de objetos agrupados que se pueden insertar en un dibujo varias veces.

Dibujo 2D

Representación plana de objetos y estructuras, a menudo utilizado para planos y esquemas.

Entidad

En AutoCAD es cualquier objeto dibujable, como una línea, círculo, arco, etc.

Escala

Relación proporcional entre las dimensiones del dibujo en AutoCAD y las dimensiones reales del objeto.

GUI (Interfaz Gráfica de Usuario)

En AutoCAD, es el entorno que permite a los usuarios interactuar con el *software* a través de elementos gráficos como botones e iconos.

Modelado 3D

Proceso de desarrollo de una representación matemática tridimensional de cualquier superficie de un objeto.

Rasterización

Proceso por el cual se convierte una imagen vectorial en una imagen de mapa de *bits* (o *raster*).

Renderizar

Proceso por el cual se crea una imagen 2D o video a partir de una escena 3D en programas de diseño.

Simulación

En diseño asistido por ordenador, es el uso de programas para replicar el comportamiento de un objeto o sistema.

Vector

Línea dibujable que tiene tanto una posición como una dirección en el espacio, a menudo utilizada en gráficos y diseño por ordenador.

***Viewport* (Ventana de vista)**

En un espacio de papel, es una ventana rectangular que muestra una vista de un modelo en 3D o 2D.

Ejercicios de autoevaluación

1. ¿Qué es AutoCAD?

    a. Una herramienta de dibujo manual.

    b. Una herramienta de diseño asistido por computadora desarrollada por *Autodesk*.

    c. Una herramienta de edición de imágenes.

2. ¿En qué año fue desarrollado AutoCAD por *Autodesk*?

    a. 1960.

    b. 1975.

    c. 1982.

3. ¿Cuál es una de las principales ventajas de usar AutoCAD?

    a. Permite escribir códigos de programación.

    b. Permite la creación y visualización de diseños en 2D y 3D.

    c. Facilita la comunicación en tiempo real.

4. ¿En qué década surgió el Diseño Asistido por Ordenador (CAD)?

    a. 1960.

    b. 1970.

    c. 1980.

5. Antes de AutoCAD, ¿en qué tipo de dispositivos estaba pensado ejecutar el diseño asistido por ordenador?

    a. Calculadoras.

    b. PCs.

    c. Teléfonos móviles.

6. ¿Qué revolución trajo AutoCAD al diseño digital?

    a. Reducción del costo del *software*.

    b. Democratización del acceso al diseño digital.

    c. Facilidad de uso para principiantes.

7. AutoCAD ha revolucionado la forma de trabajar principalmente en campos como:

    a. Redes sociales, *marketing* y ventas.

    b. Arquitectura, ingeniería y diseño.

    c. Gastronomía y turismo.

8. ¿Qué permite AutoCAD en el ámbito de la arquitectura?

    a. Realizar cálculos matemáticos complejos.

    b. Elaborar planos detallados y visualizaciones en 3D.

    c. Editar videos en alta resolución.

9. ¿En qué campo profesional, aparte de la arquitectura, es relevante AutoCAD?

    a. Diseño de videojuegos.

    b. Diseño industrial.

    c. Traducción de idiomas.

10. Gracias a AutoCAD, los profesionales pueden:

    a. Simular, visualizar y corregir diseños en tiempo real.

    b. Realizar ventas online.

    c. Crear campañas de *marketing*.

U. A. 2. Funciones comunes

Introducción

En cualquier *software* o herramienta de diseño, existen ciertas funciones que se consideran fundamentales y que son comunes a la mayoría de las tareas que realizamos. Estas funciones básicas son esenciales para trabajar de manera eficiente y efectiva.

En esta unidad, se exploran las funciones comunes de AutoCAD 2024 y cómo pueden aplicarse en distintos contextos profesionales. Se abordan las herramientas fundamentales que ofrece AutoCAD, desde la creación y modificación de objetos, hasta el uso de capas y la gestión de vistas.

El dominio de estas herramientas es esencial para cualquier profesional que busque aprovechar al máximo el *software*.

Objetivos

- Identificar y comprender las principales funciones comunes de AutoCAD y su importancia en el diseño asistido por ordenador.
- Aplicar estas funciones en distintas situaciones prácticas, optimizando el proceso de diseño y mejorando la precisión y calidad de los proyectos.

1. Funciones comunes

Las herramientas básicas de AutoCAD son esenciales para cualquier individuo que quiera comenzar en el mundo del diseño asistido por ordenador. Estas herramientas forman la base sobre la que se construyen todos los proyectos y son fundamentales para realizar diseños precisos y detallados.

A continuación, se exponen las principales herramientas básicas de AutoCAD.

A. Dibujo

- **Línea**: Permite trazar segmentos de línea recta entre dos puntos definidos.
- **Polilínea**: Habilita el trazo de líneas compuestas y segmentos que forman una única entidad.
- **Círculo**: Facilita la creación de círculos especificando el centro y un punto del radio o diámetro.
- **Arco**: Permite dibujar segmentos curvos definidos por puntos específicos o medidas.

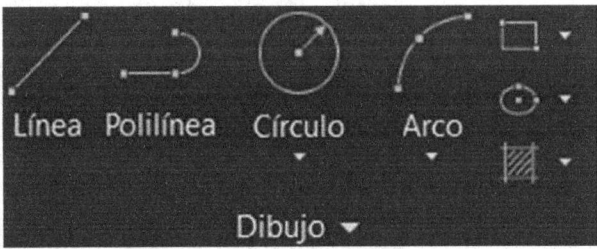

B. Modificar

- **Desplazar**: Mueve objetos una distancia especificada en una dirección determinada.
- **Copiar**: Crea una copia de los objetos seleccionados.

- **Girar**: Rota objetos alrededor de un punto base.
- **Estirar**: Modifica partes de objetos.
- **Escalar**: Cambia el tamaño de los objetos de manera proporcional.

C. Anotación

- **Texto**: Proporciona la herramienta para agregar notas o detalles al dibujo.
- **Acotar**: Permite agregar dimensiones a objetos o espacios en el diseño para mostrar medidas.

D. Gestión de capas

Propiedades de capa permite acceder a las propiedades de las capas para gestionar la visibilidad, el color, el tipo de línea y más.

E. Bloques

Insertar facilita la inserción de bloques previamente creados o elementos de diseño recurrentes en el dibujo.

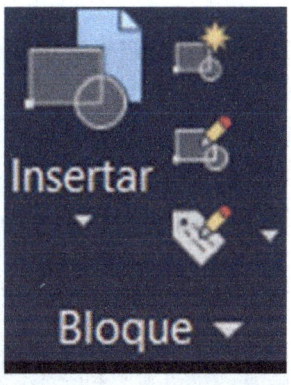

F. Propiedades

Igualar propiedades transfiere las propiedades de un objeto seleccionado a otro o a otros objetos.

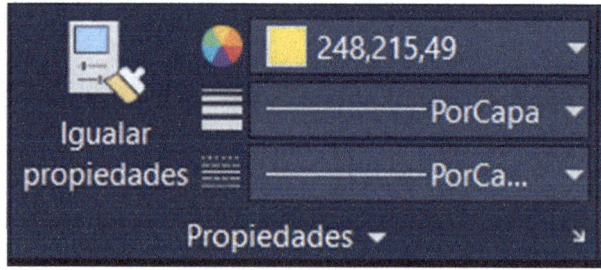

G. Grupos

Crear grupo permite agrupar diferentes objetos para manejarlos como una entidad única.

H. Utilidades

Medir proporciona herramientas para medir distancias, áreas, volúmenes, entre otros.

I. Portapapeles

Pegar permite insertar contenido copiado o cortado en el área de trabajo.

J. Vista

En la herramienta Vista se gestionan las vistas del diseño, como vistas previas, zoom y navegación.

Es fundamental familiarizarse con estas herramientas para aprovechar al máximo las capacidades del *software*.

A continuación, se expone un caso práctico resuelto para entender las herramientas básicas de AutoCAD.

Imagina que eres un arquitecto y quieres diseñar el plano básico de una habitación con muebles. A continuación, te guiaremos paso a paso usando las herramientas básicas mencionadas.

A. Dibujo

Las distintas opciones de la herramienta Dibujo son las siguientes.

- **Línea**: Comienza dibujando las cuatro paredes de la habitación usando segmentos de línea recta. Define dos puntos para cada pared.

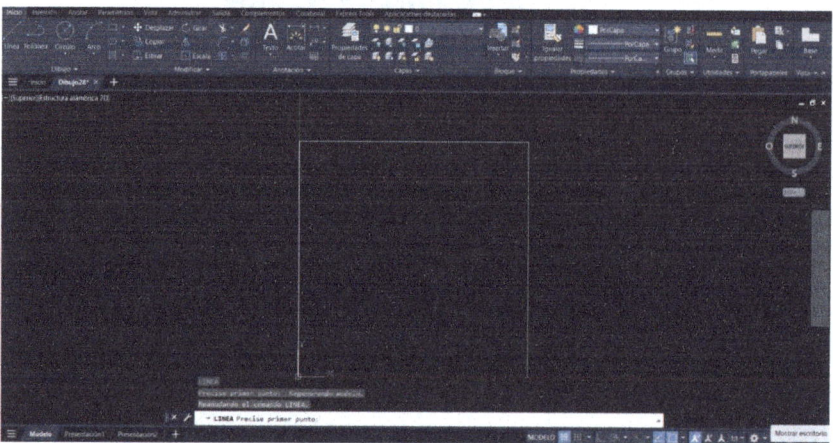

- **Polilínea**: Traza el contorno exterior de la habitación, conectando las cuatro paredes para formar un rectángulo o cuadrado, dependiendo de las dimensiones.

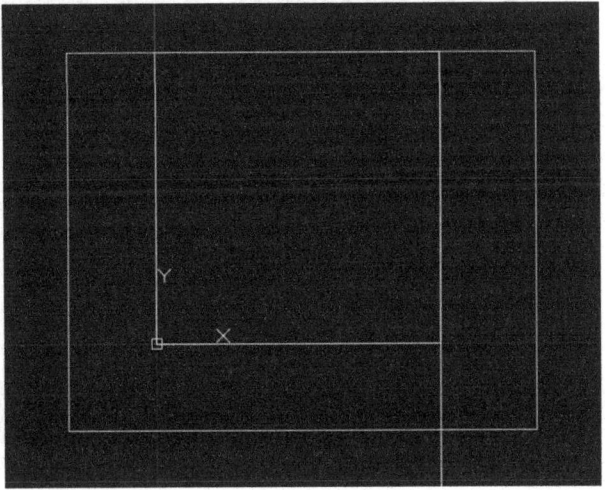

- **Círculo**: Supongamos que deseas añadir una mesa redonda en el centro de la habitación. Usando la herramienta de círculo, especifica el centro y luego define el radio de la mesa.

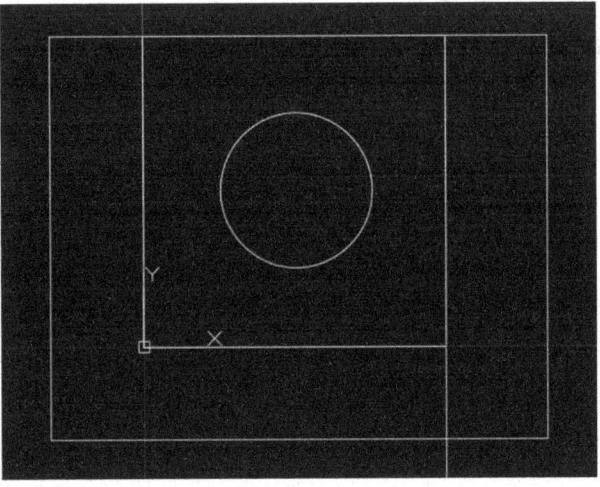

- **Arco**: Si la habitación tiene una ventana en forma de arco o una puerta con un diseño superior curvo, utiliza esta herramienta para representarlo.

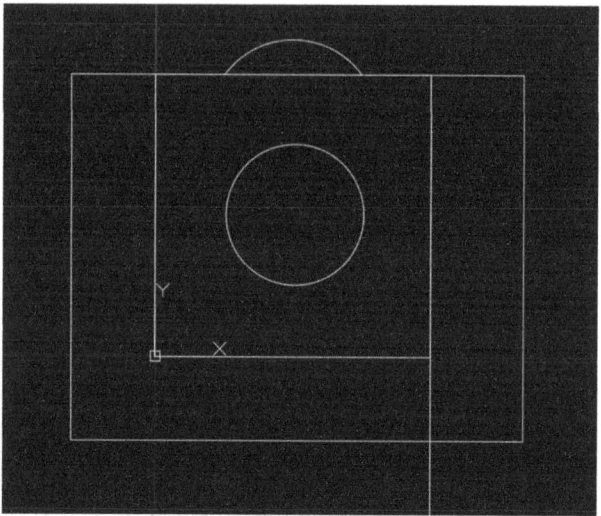

B. Modificar

Las distintas opciones de la herramienta Modificar son las siguientes.

- **Desplazar**: Imagina que decides que la mesa redonda quedaría mejor en una esquina. Utiliza esta herramienta para moverla.

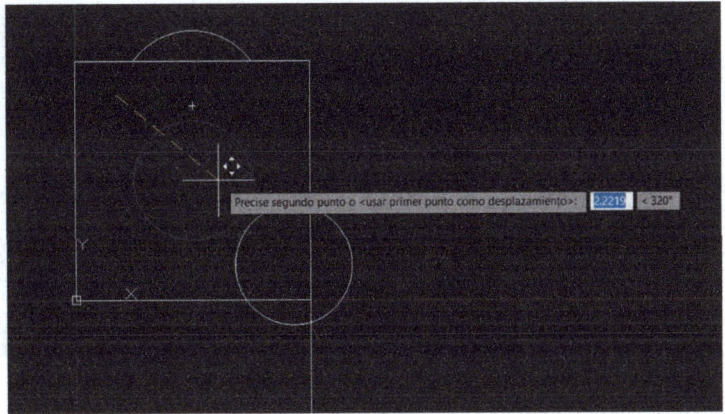

- **Copiar**: Si deseas añadir sillas idénticas alrededor de la mesa, puedes crear una y luego copiarla las veces necesarias.

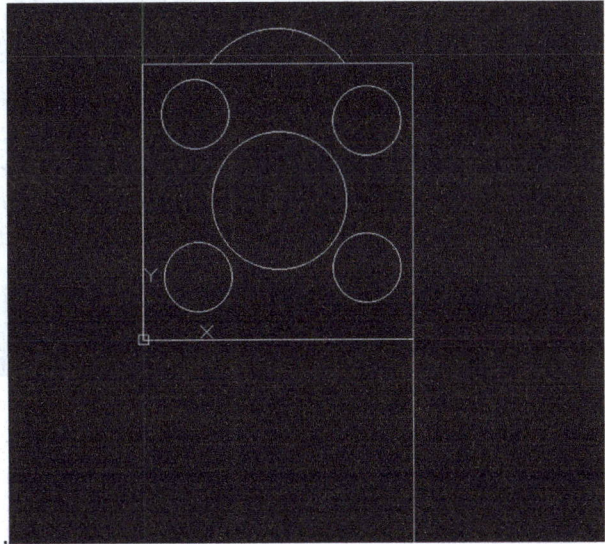

- **Girar**: Si una de las sillas no está en la posición deseada, puedes rotarla para que quede en el ángulo correcto.

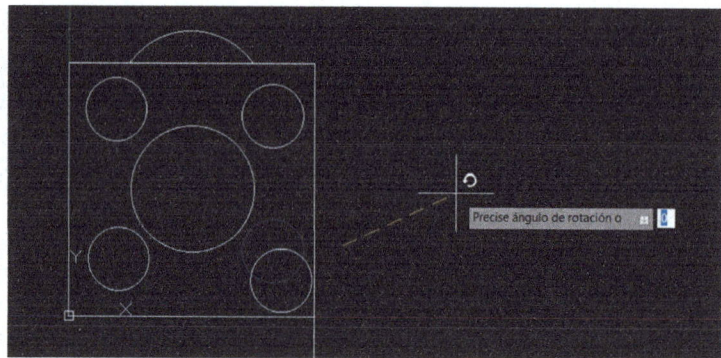

- **Estirar**: Si necesitas ajustar el tamaño de la ventana, esta herramienta te permite hacerlo.

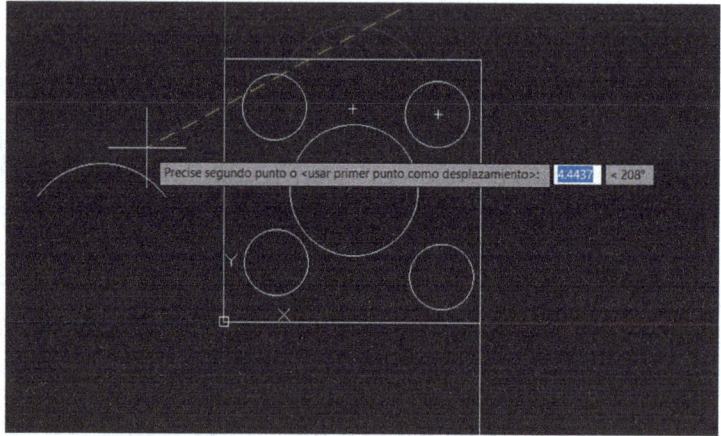

- **Escalar**: Si decides que la mesa es demasiado grande, puedes reducirla proporcionalmente.

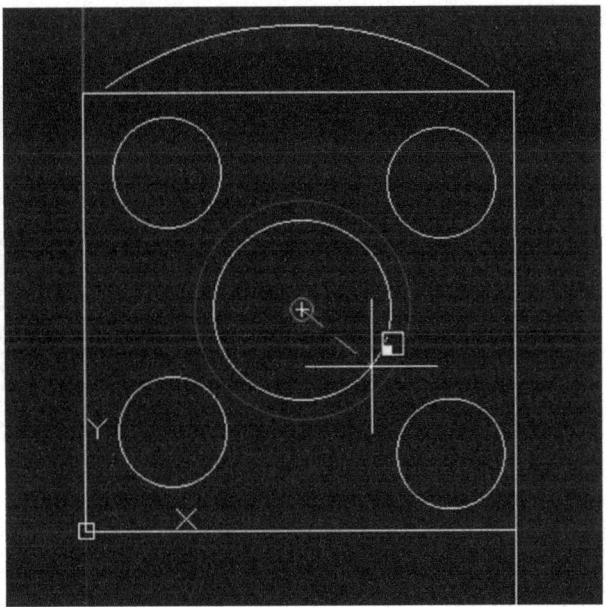

C. Anotación

Las opciones de la herramienta Anotación son las siguientes.

- **Texto**: Junto a cada mueble o elemento que hayas dibujado, añade etiquetas como "Mesa", "Habitación", "Ventana", etc. Al seleccionar la opción de "Una línea" se va a solicitar que indiques las coordenadas según las dimensiones y el diseño del dibujo y la altura del texto.

- **Acotar**: Muestra las medidas exactas de la habitación, muebles y ventanas.

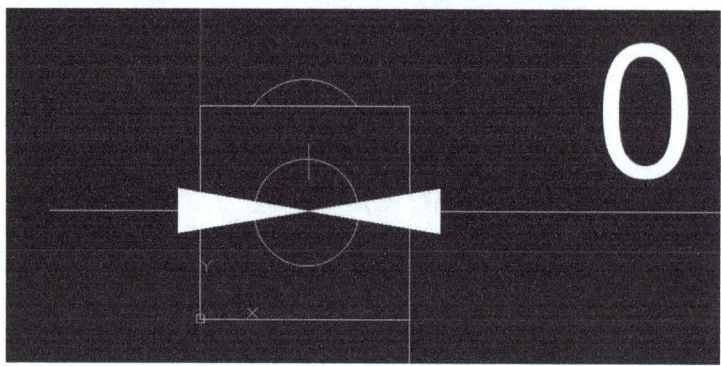

D. Gestión de capas

Las propiedades de capa crean diferentes capas para la mesa. Esto te permite gestionar y visualizar de manera organizada cada elemento del diseño. Para la gestión de capas se deben seguir los siguientes pasos.

1. **Abrir el administrador de capas**: Puedes hacerlo presionando el icono de capas en la barra de herramientas o escribiendo LAYER o simplemente LA en la línea de comandos y luego presiona *Enter*.

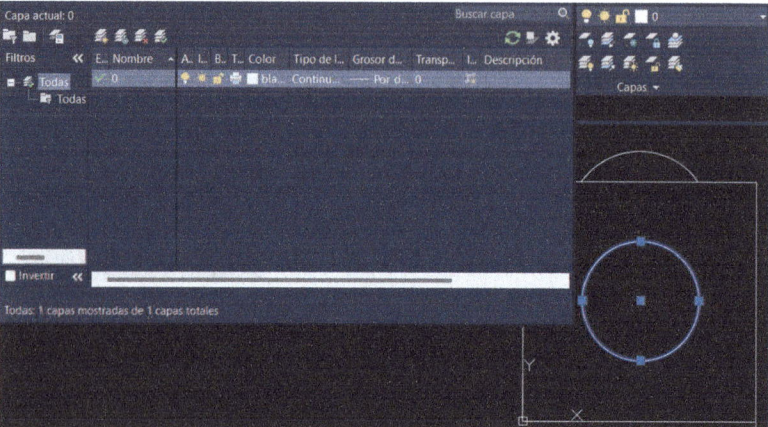

2. **Crear una nueva capa**: Dentro del administrador de capas, busca y haz clic en el icono "Nueva capa". Dale un nombre a tu capa, por ejemplo, "Mesa".

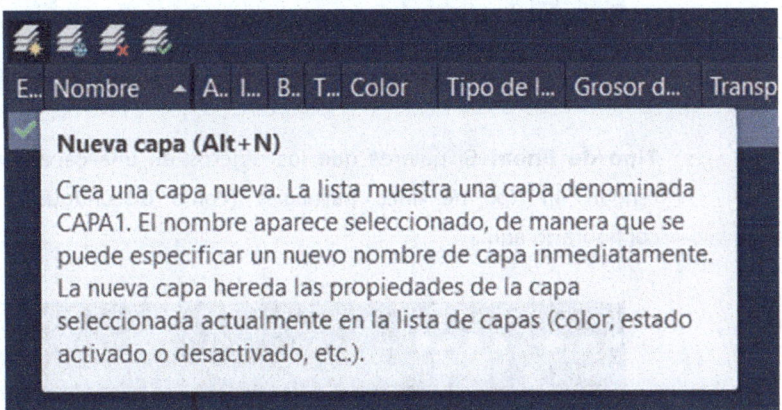

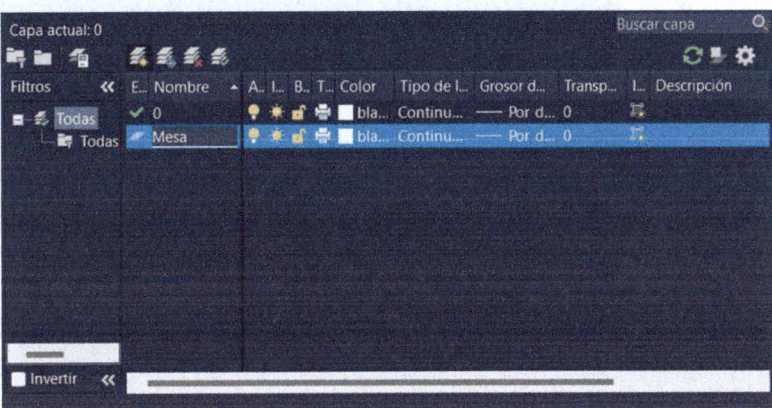

3. **Configurar propiedades de la capa**:

   o **Color**: Haz clic en el color que se muestra junto al nombre de la capa para cambiarlo. Esto es útil para diferenciar visualmente los objetos en diferentes capas.

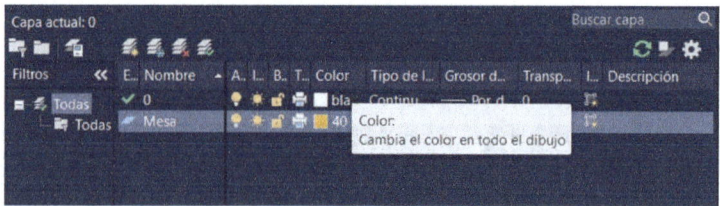

o **Tipo de línea**: Si quieres que los objetos en una capa específica tengan un tipo de línea particular (como discontinua), puedes configurarlo aquí.

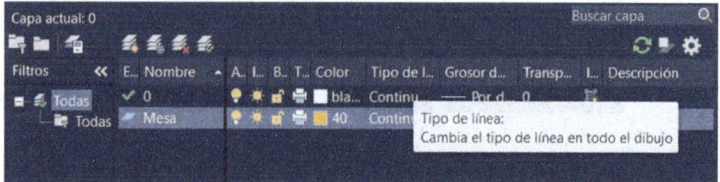

o **Grosor de línea**: Establece el grosor que prefieras para las líneas en esa capa.

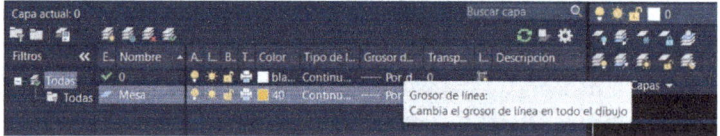

Además, hay otros atributos que puedes modificar, como si la capa está bloqueada o no, si es imprimible, etc.

4. **Establecer una capa como activa**: Para hacerlo, simplemente haz clic en el nombre de la capa que quieras que sea la activa. Una marca de verificación aparecerá junto al nombre, indicando que es la capa activa. Todos los objetos que dibujes ahora se colocarán en esa capa.

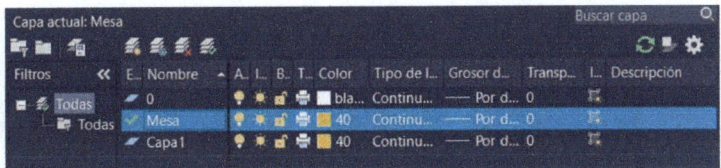

5. **Mover objetos a una capa diferente**: Selecciona los objetos que deseas mover. Haz clic derecho y selecciona "Propiedades" o simplemente utiliza el comando CHPROP. En el menú desplegable de capas, selecciona la capa a la que deseas mover los objetos. Pulsar visualización 3D para ver resultado final.

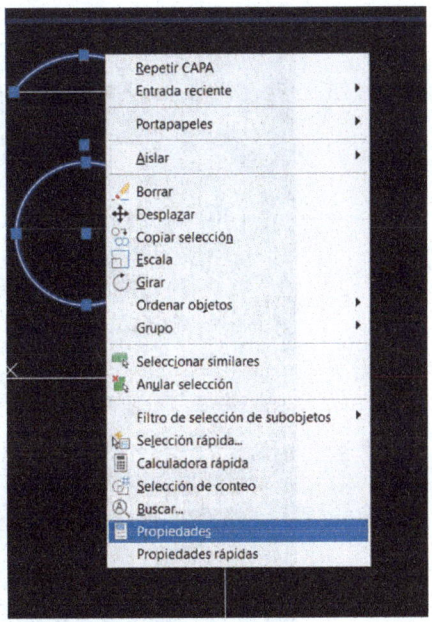

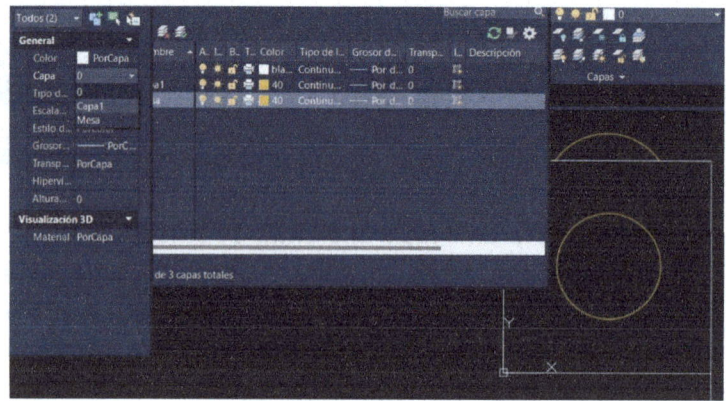

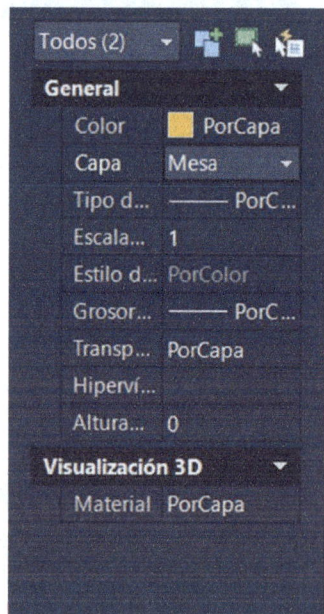

6. **Apagar/Encender capas**: En el administrador de capas, puedes hacer clic en el icono de la bombilla al lado del nombre de la capa para apagar o encender esa capa. Esto es útil para visualizar solo ciertos elementos del diseño en un momento dado.

7. **Bloquear/Desbloquear capas**: En la fila de la bombilla, hay un icono de un candado. Haz clic en él para bloquear o desbloquear una capa. Esto previene cualquier modificación accidental a los objetos en una capa bloqueada.

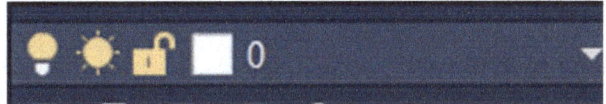

E. Bloques

Las opciones de bloques son las siguientes:

- **Insertar**: Si ya tienes bloques predefinidos, como sillas, los bloques permiten insertarlos en el diseño.
- **Dibuja las sillas**: Antes de crear el bloque, asegúrate de tener las sillas dibujadas y colocadas en las posiciones relativas que desees.

A continuación, se deben seguir los siguientes pasos para trabajar con bloques en AutoCAD.

1. **Iniciar el comando Bloque**: Escribe *BLOCK* en la línea de comandos y presiona *Enter*. También puedes encontrar esta opción en la barra de herramientas o en el menú desplegable de dibujo.

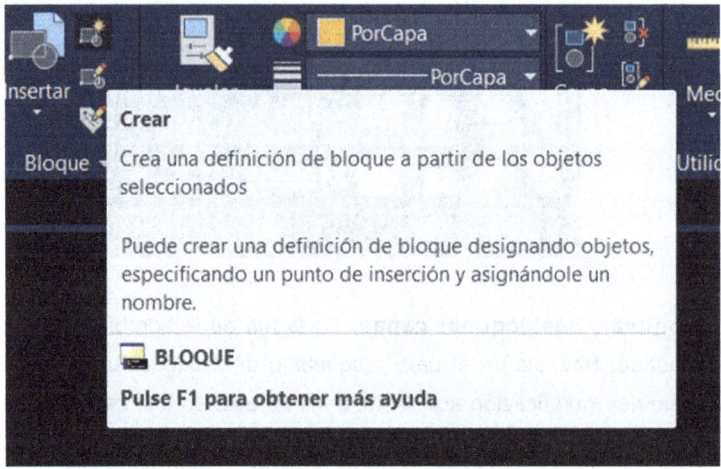

2. **Configurar el bloque**:

   o **Nombre del bloque**: Escribe un nombre para el bloque, por ejemplo, "Sillas".

   o **Punto base**: Este será el punto mediante el cual seleccionarás e insertarás el bloque en el futuro. Puede ser una esquina de una silla, el centro entre ambas sillas o cualquier otro punto que consideres conveniente. Haz *clic* en el punto deseado en el dibujo.

   o **Seleccionar objetos**: Haz clic en "Seleccionar objetos" o simplemente selecciona las dos sillas en el dibujo. Una vez seleccionados, presiona *Enter*.

   o **Configuraciones adicionales**: Dependiendo de tus necesidades, es posible que quieras configurar otras opciones, como escalar o rotar el bloque al insertarlo, entre otras. Configura estas opciones si es necesario.

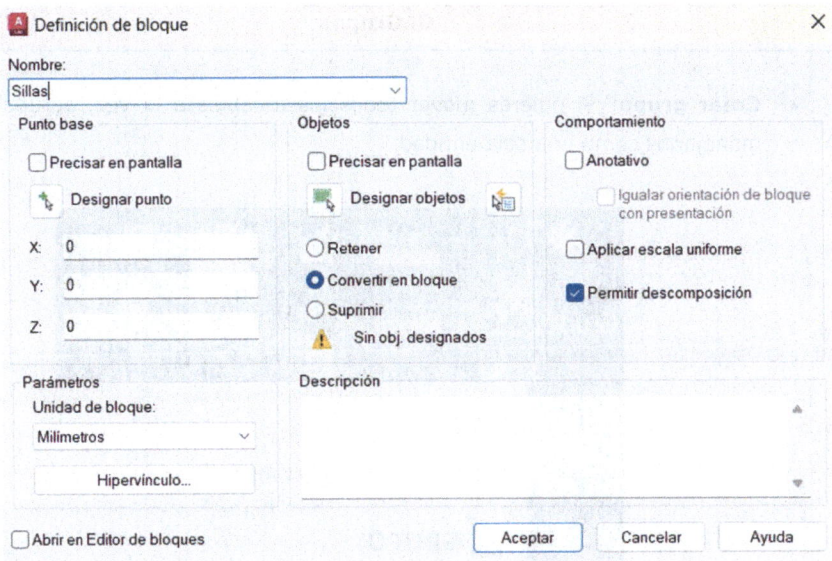

3. **Aceptar y crear el bloque**: Haz clic en "Aceptar" para finalizar y crear el bloque. Ahora, siempre que quieras insertar las sillas en el dibujo simplemente utiliza el comando *INSERT* o I, selecciona el bloque "Sillas" y especifica el punto de inserción, escala y rotación según lo necesites.

F. Propiedades

- **Igualar propiedades**: Si decides que todas las sillas deben tener el mismo color que la mesa, esta herramienta te permite hacerlo fácilmente.
- **Comando**: IGUALARPROP
- **Procedimiento**: Inicia el comando escribiendo IGUALARPROP y presiona *Enter*. Se te pedirá que selecciones el objeto fuente (en este caso, la mesa con las propiedades que deseas copiar). Después de seleccionar el objeto fuente, selecciona los objetos de destino (las sillas) para aplicarles las mismas propiedades.

G. Grupos

- **Crear grupo**: Si quieres mover todos los muebles a la vez, agrúpalos para manejarlos como una sola entidad.

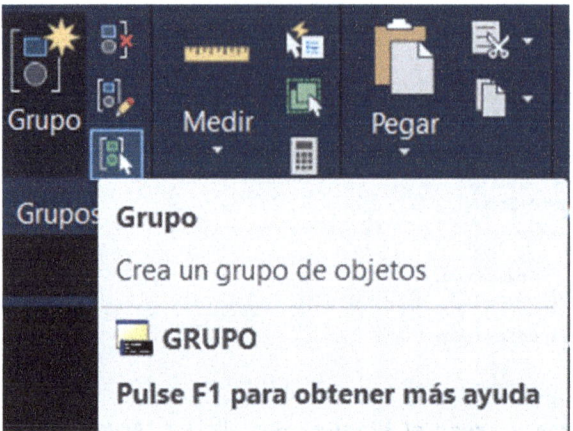

- **Comando**: GRUPOCLASICO

- **Procedimiento**: Inicia el comando escribiendo GRUPOCLASICO presiona *Enter*. En la ventana emergente, puedes darle un nombre y una descripción al grupo si lo deseas. Presiona "Nuevo" y selecciona todos los muebles que deseas agrupar.

H. Utilidades

- **Medir**: Asegúrate de que las dimensiones de la habitación y los muebles sean las adecuadas.
- **Comando**: DIST o DI.
- **Procedimiento**: Inicia el comando escribiendo DIST o DI y presiona *Enter*. Selecciona el primer punto de la distancia que quieres medir. Selecciona el segundo punto.

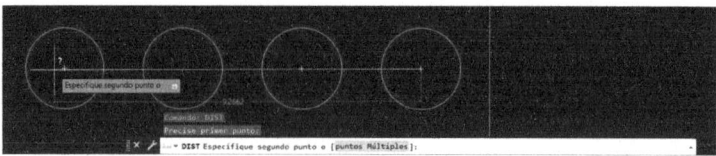

La distancia entre los dos puntos se mostrará en la línea de comandos.

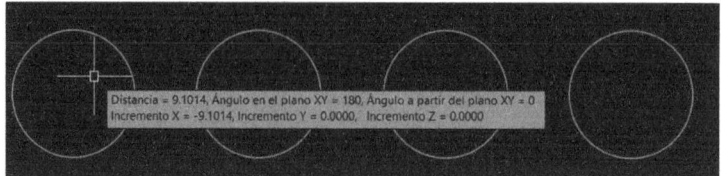

I. Portapapeles

Usa Pegar si tienes elementos de otro diseño que quieres incorporar, simplemente cópialos y pégalos en tu área de trabajo.

J. Vista

Utiliza las herramientas de Vista para navegar por tu diseño, hacer zoom en áreas específicas o tener una vista previa de cómo se verá el diseño final.

1.1. Funciones avanzadas

AutoCAD 2024, al igual que las versiones anteriores, ofrece una amplia gama de funciones avanzadas y capacidades de personalización para adaptar el software a las necesidades específicas de cada usuario.

Versión anterior

Para acceder a una versión anterior de AutoCAD a la versión actual:

1. Ingresa en "*Autodesk Account*".
2. Selecciona en el panel de la izquierda "Todos los productos y servicios".
3. Encuentra "AutoCAD - Inclusión de conjuntos de herramientas especializados".
4. Presiona en "Ver todos los elementos incluidos".
5. Revisa el directorio de todos los productos basados en AutoCAD.
6. Pulsa en el ícono ">" asociado a AutoCAD.
7. Navega a través de las versiones anteriores de AutoCAD listadas. Escoja y descargue la que necesite.

La gama de funciones avanzadas que se pueden encontrar en AutoCAD son las que se mencionan a continuación.

A. Modelado 3D avanzado

AutoCAD permite la creación y edición de objetos 3D sólidos, mallas y superficies, brindando herramientas para el diseño en tres dimensiones. Es posible acceder a "Modelado 3D" mediante la ruleta de la barra inferior.

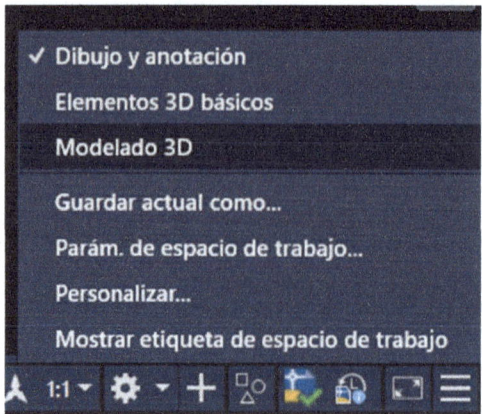

B. Visualización

AutoCAD permite representar diferentes estilos visuales. Los estilos incluyen diferentes modos de visualización, como estructuras, sombreados, y modos realistas, entre otros. Estos estilos permiten a los usuarios visualizar sus diseños en diversas formas para fines de análisis, presentación o diseño. Además, la brújula permite variar las vistas o direcciones del modelo o diseño.

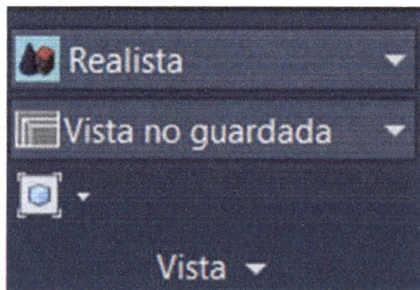

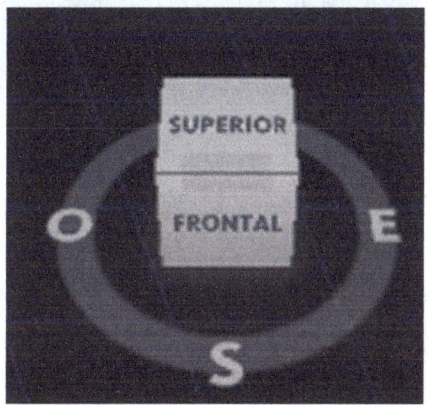

C. Paleta de propiedades

Esta herramienta ofrece información detallada y permite la edición de las propiedades de los objetos seleccionados. Para acceder debes situarte en la sección de "Vista" y una vez ahí dirigirte a "Paletas" (dentro de la cinta) y hacer clic en "Opciones". Dentro de la paleta de propiedades podemos encontrar tanto información general, como de visualización 3D, geometría e historial.

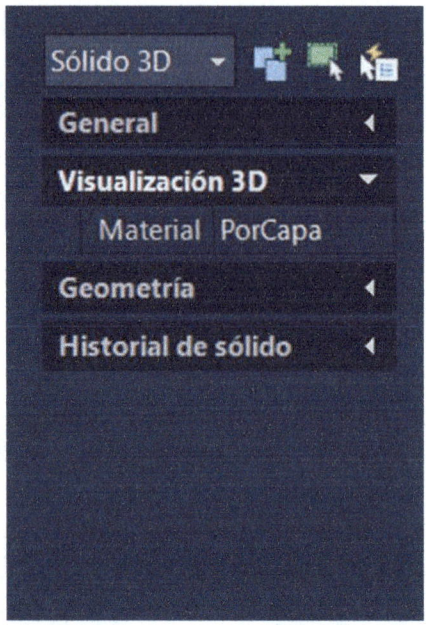

D. Inserción

Permite vincular y anexar archivos DWG, imágenes, PDF y otros tipos de archivos a los diseños. La inserción se divide en los siguientes comandos.

- **Referencia**:

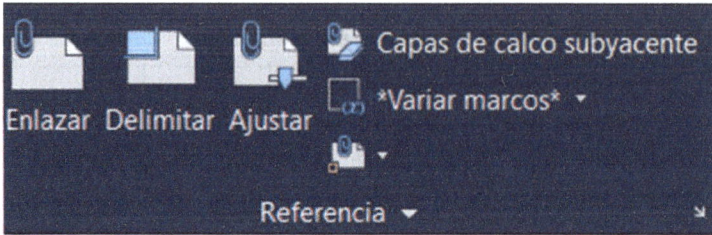

  o **Enlazar**: Este comando te permite adjuntar una referencia externa (Xref) a tu dibujo actual.

o **Delimitar**: Se usa para cortar una porción de una referencia externa o bloque para hacerla visible.

o **Ajustar**: Este comando ajusta la visibilidad de los objetos de una referencia externa o bloque.

o **Capas de calco subyacente**: Controla la visibilidad de las capas dentro de una referencia.

o **Variar marcos**: Este comando controla la visibilidad de los marcos de recorte en tu dibujo.

- **Importar**:

o **Importar PDF**: Te permite importar contenido desde un archivo PDF a tu dibujo de AutoCAD.

o **Reconocer texto SHX**: Este comando reconoce y convierte texto que se encuentra en archivos PDF importados que han sido escritos con fuentes SHX.

o **Parámetros de reconocimiento**: Ajusta las configuraciones para el reconocimiento de texto.

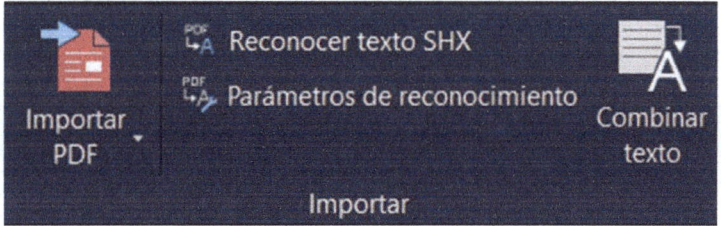

- **Datos - Vinculación y extracción**:

o **Campo**: Inserta un campo auto- actualizable en tu dibujo.

- **Vínculo de datos**: Permite conectar y vincular información de una base de datos a tu dibujo.

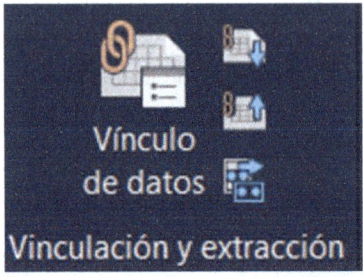

E. Salida

Esta herramienta permite exportar los diseños fuera de AutoCAD.

- **Exportar: pantalla**: Permite seleccionar qué parte del dibujo quieres exportar. Puede ser toda la pantalla, una ventana específica, etc.
- **Configuración de página: Actual**: Indica la configuración de página que se utilizará al exportar. Puedes seleccionar diferentes configuraciones de página que hayas definido previamente en tu dibujo.
- **Exportar a DWF/PDF**: Este botón permite exportar tu dibujo a un archivo DWF o PDF. DWF es un formato de diseño web desarrollado por *Autodesk* para compartir, revisar y publicar datos de diseño.

Al hacer clic en el botón "Exportar a DWF/PDF", te dará opciones para guardar tu dibujo en uno de esos formatos. Es útil cuando necesitas compartir tu trabajo con alguien que no tiene AutoCAD o cuando necesitas imprimir tu diseño.

Anotación

PDF es un formato de archivo universal que mantiene las fuentes, imágenes, gráficos y diseño del documento original, independientemente del *software* y del *hardware* que se utilicen para crear o visualizar el archivo.

F. *Express Tools*

Son conjunto de herramientas y comandos adicionales que facilitan tareas comunes. Ayudan a los usuarios a crear, modificar y gestionar sus dibujos. A continuación, se expone una breve descripción de cada grupo de herramientas:

- **Blocks:**

  - ○ **Explode Attributes**: Descompone un bloque y convierte sus atributos en objetos individuales.
  - ○ **Replace Block**: Reemplaza un bloque por otro.
  - ○ **List Properties**: Lista las propiedades de los bloques seleccionados.
  - ○ **Import Attributes:** Importa atributos de un archivo externo.
  - ○ **Export Attributes**: Exporta atributos a un archivo externo.

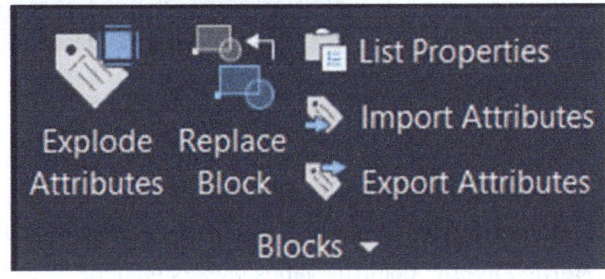

- **Text**:

  - ○ **Aligned Text**: Crea texto alineado.
  - ○ **Modify Text**: Modifica el texto existente.
  - ○ **Convert to Mtext**: Convierte texto simple en texto multilineal.
  - ○ **Auto Number**: Autonumera objetos.
  - ○ **Enclose in Object**: Encierra el texto dentro de un objeto, como un círculo.

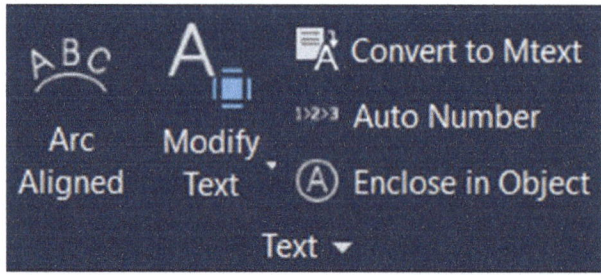

- **Modify**:

  - ○ **Move/Copy/Rotate**: Mueve, copia o rota objetos.
  - ○ **Stretch Multiple**: Estira varios objetos a la vez.

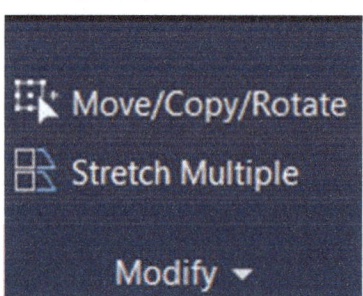

- **Layout**:

  - ○ **Align Space**: Alinea el espacio entre objetos.
  - ○ **Synchronize Viewports**: Sincroniza las vistas en los *viewports*.
  - ○ **Merge Layout**: Combina varios *layouts* en uno.

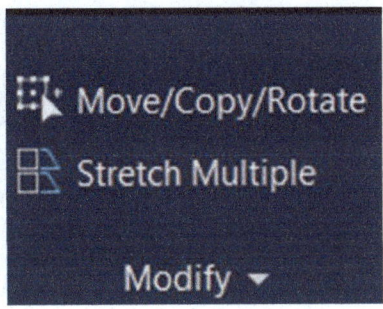

- **Draw**:

  o **Break-line Symbol**: Crea un símbolo de línea de interrupción.
  o **Super Hatch**: Crea un sombreado avanzado.

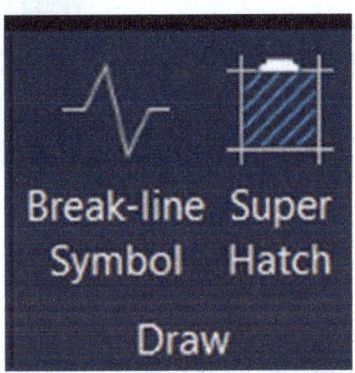

- **Dimension**:

  o **Annotation Attachment**: Adjunta anotaciones.
  o **Reset Text**: Restablece el texto de la dimensión.
  o **Import Style**: Importa estilos de dimensión.
  o **Export Style**: Exporta estilos de dimensión.

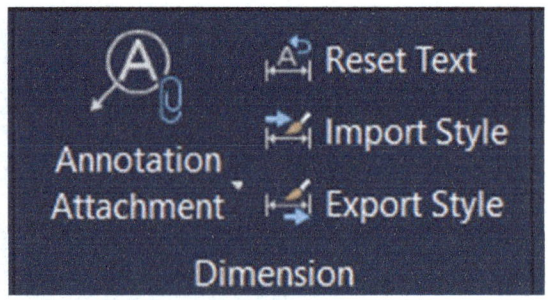

- **Tools**:

    o **Command Aliases**: Establece o modifica alias de comandos.
    o **System Variables**: Accede a las variables del sistema de AutoCAD.
    o **Attach Xdata**: Adjunta datos extendidos a objetos.
    o **List Xdata**: Lista los datos extendidos de objetos.

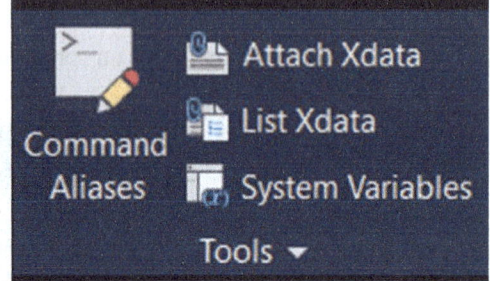

- **Web**:

    o **URL Options**: Configura opciones de URL.

A continuación, se expone un caso práctico resuelto utilizando las funciones avanzadas de AutoCAD para la creación y exportación de un cubo. En primer lugar, cambia al espacio de trabajo 3D seleccionando "Modelado 3D" en el área de espacio de trabajo. La cinta de opciones de la parte superior te va a ofrecer nuevas herramientas:

En la cinta de opciones, ve a "Modelado" y selecciona "De textura cuadrada":

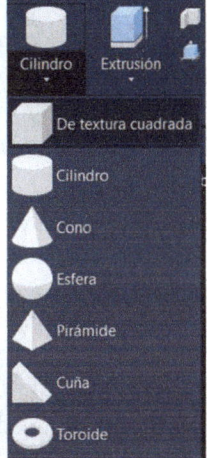

Haz clic en el área de dibujo para especificar la primera esquina:

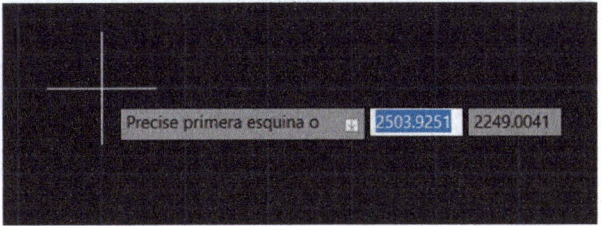

Mueve el cursor para definir la longitud y anchura del cubo y haz clic.

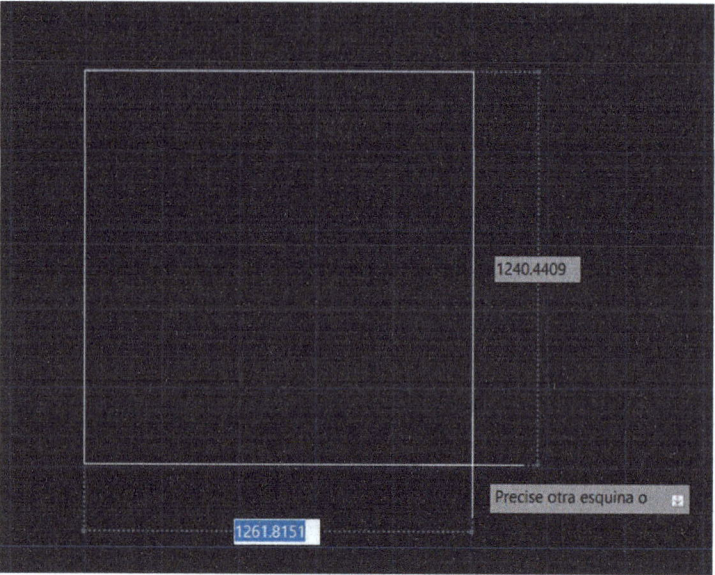

Mueve el cursor hacia arriba para definir la altura y haz clic.

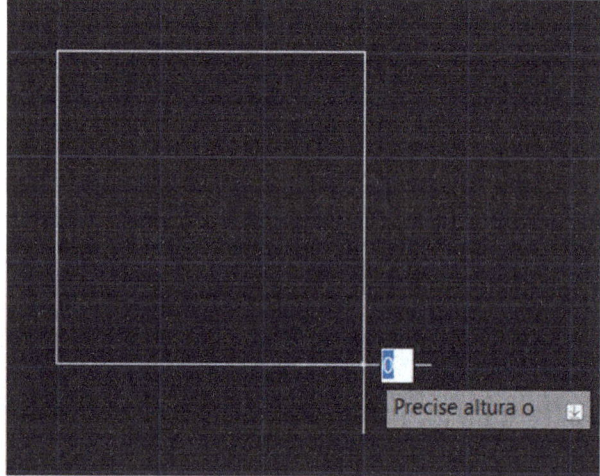

Sitúa el dibujo en perspectiva:

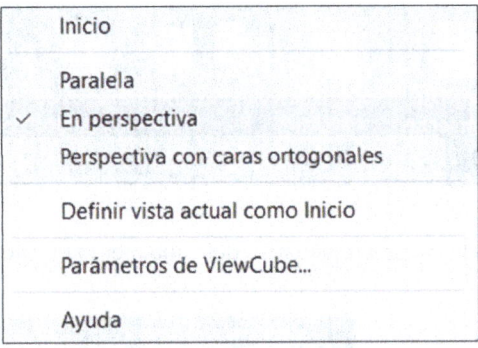

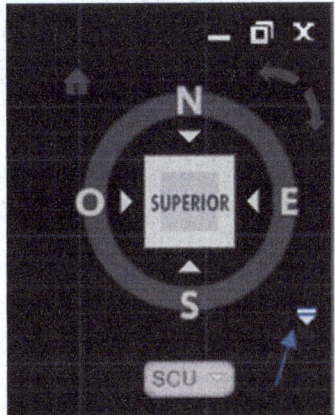

1. **Visualización**: En la sección de "Vista" de la barra de opciones selecciona la opción "Realista".

2. **Paleta de propiedades**: Selecciona el cubo. Abre la paleta de propiedades.

Observa y modifica las propiedades del cubo, como el color y el tipo de línea:

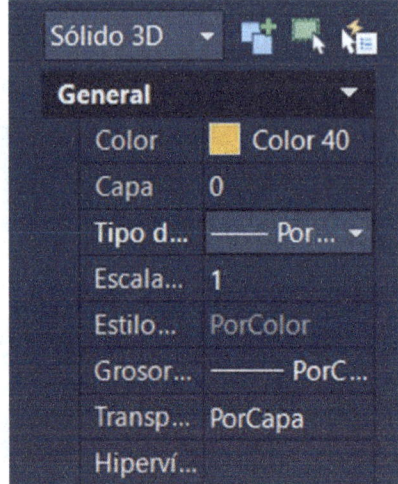

3. **Exportar**: Vamos a exportar el cubo y guardarlo como archivo PDF. En primer lugar, hacemos clic en "Salida" dentro de la cinta y seleccionamos la opción "Exportar" y después "PDF".

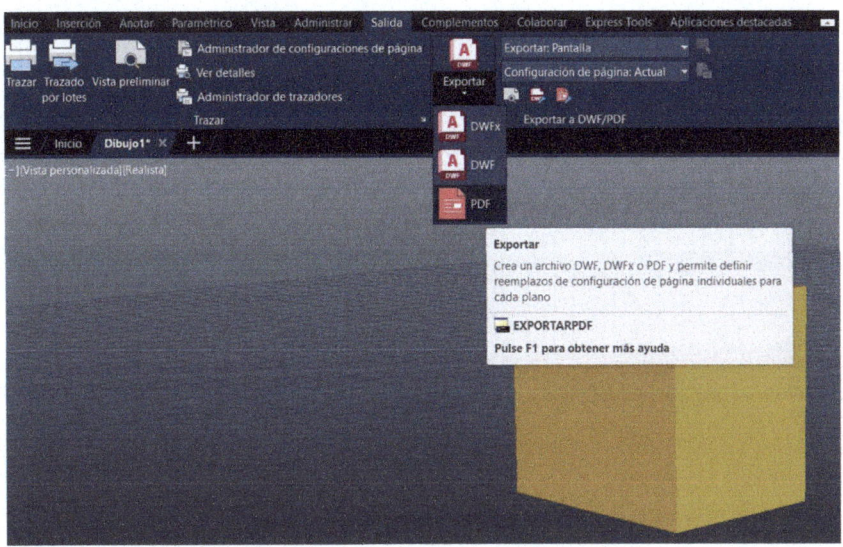

A continuación, hay que seleccionar la carpeta de destino del archivo y hacer clic en "Guardar".

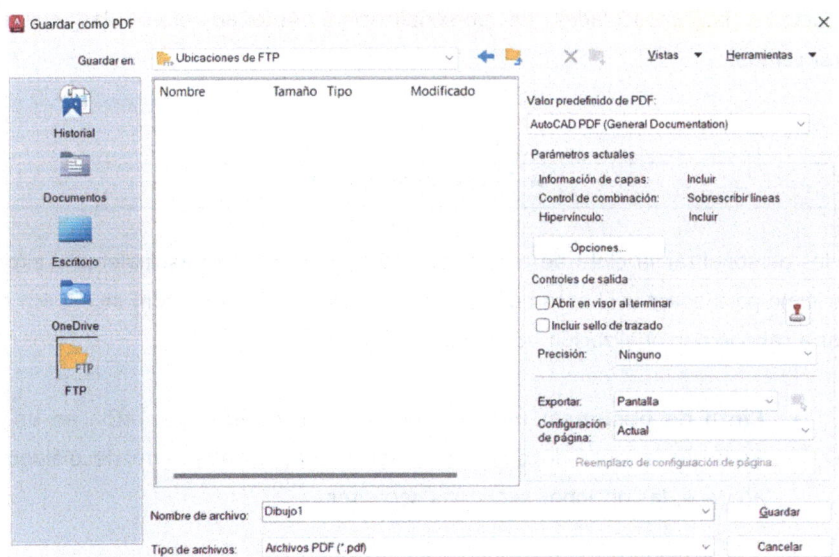

Al terminar el proceso podemos comprobar que el archivo aparece correctamente en formato PDF.

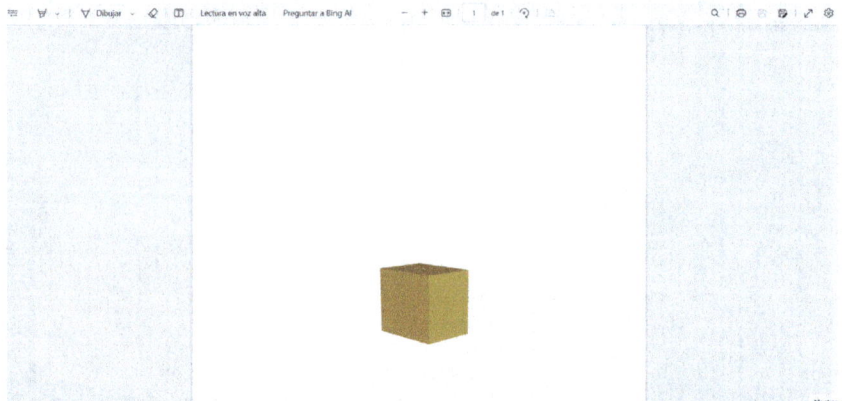

1.2. Capacidades de personalización

Respecto a las capacidades de personalización, AutoCad ofrece las siguientes herramientas.

A. Interfaz de usuario

Puedes personalizar la cinta de opciones, barras de herramientas, paletas y espacios de trabajo para adaptar el entorno a tus necesidades. A continuación, se explica cómo llevar a cabo la personalización de varios elementos.

- **Cinta de opciones**: Haz clic con el botón derecho del ratón en un área vacía de la cinta de opciones y selecciona, en el cuadro de diálogo que aparece, las opciones según las necesites.

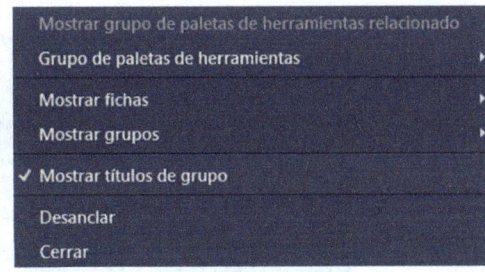

- **Barras de herramientas**: Haz clic con el botón derecho del ratón en un área vacía cerca de la barra de herramientas y modifica las opciones según tu criterio. Puedes seleccionar qué barras de herramientas quieres mostrar u ocultar.

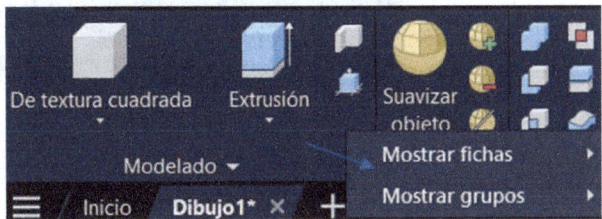

- **Menú de acceso rápido**: Haz clic con el botón en la flecha de la izquierda y selecciona para agregar o eliminar comandos según tus preferencias.

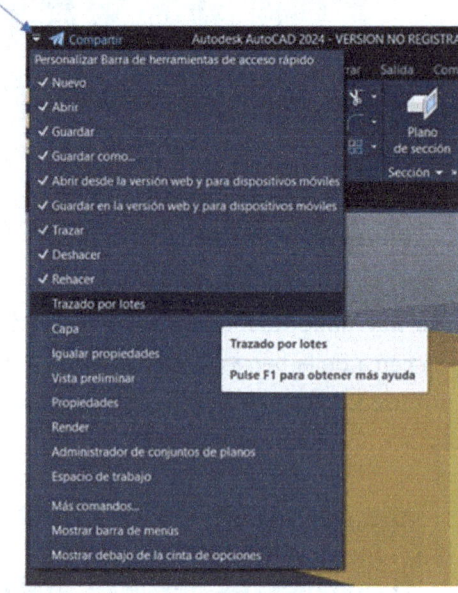

B. Comandos

Permite personalizar los menús y crear alias para acceder rápidamente a los comandos que utilizados con frecuencia.

En primer lugar, en la barra de comandos, escribe *CUIRAPID* y presiona *Enter*. Esto abrirá el editor de interfaz de usuario personalizada.

En la ventana que se abre, hay que seleccionar el comando que se desea modificar y hacer clic derecho:

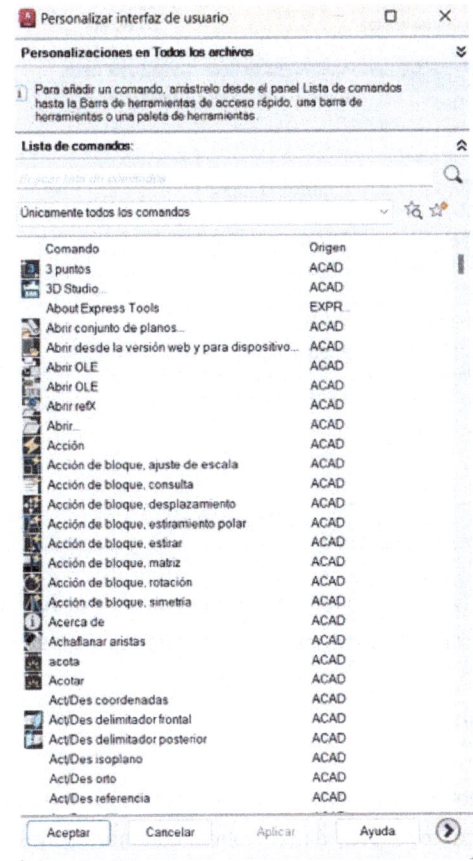

En el menú, se presentan varias opciones relacionadas con la administración de comandos, como "Restablecer valor por defecto", "Nuevo comando", "Cambiar nombre", "Copiar", "Duplicar", "Buscar", y "Reemplazar".

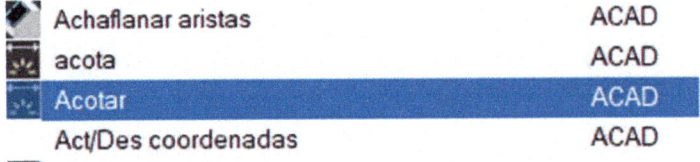

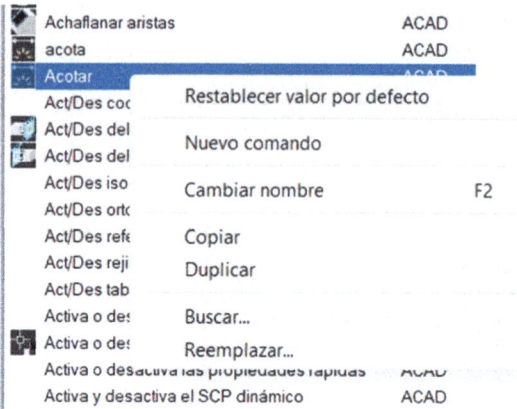

C. Plantillas

Hace posible crear y usar plantillas para iniciar nuevos dibujos con ajustes predefinidos, como estilos de texto, capas, dimensiones y más.

1. **Crear una plantilla**:

    1. Abre un nuevo dibujo en AutoCAD y configura todo según tus necesidades (estilos de texto, capas, dimensiones, configuraciones, etc.).
    2. Una vez que hayas configurado el dibujo, haz clic en "Archivo" > "Guardar como".
    3. En el cuadro de diálogo que aparece, selecciona "Plantilla de Dibujo (*.dwt)" como tipo de archivo y asigna un nombre a tu plantilla.

4. Guarda la plantilla en la ubicación predeterminada de plantillas o en una ubicación personalizada.

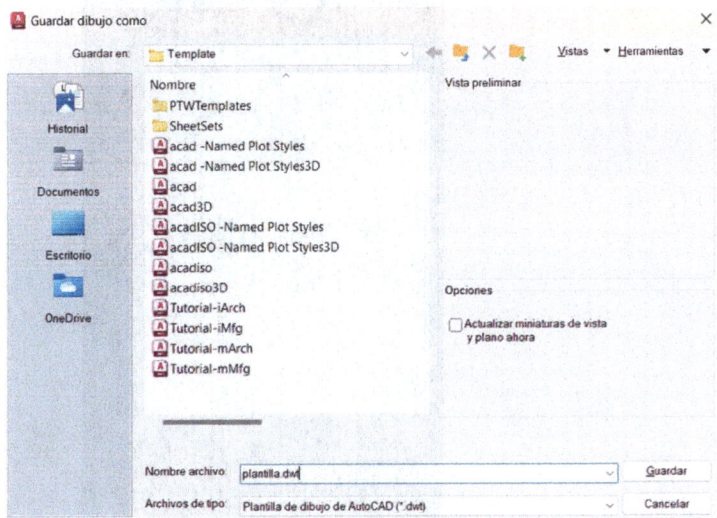

5. Por último, debes completar los campos según tus preferencias y hacer *clic* en "Aceptar".

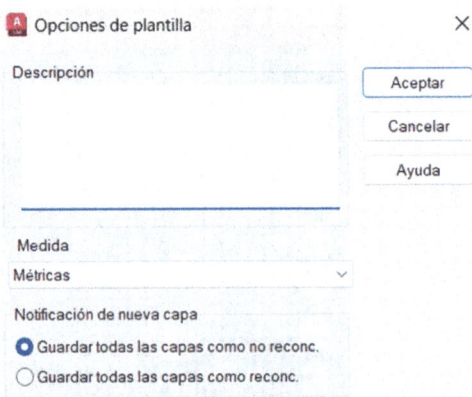

2. **Usar una plantilla ya predefinida**: Cuando crees un nuevo dibujo, escoge la opción de "Buscar plantillas" y selecciona la plantilla que creaste.

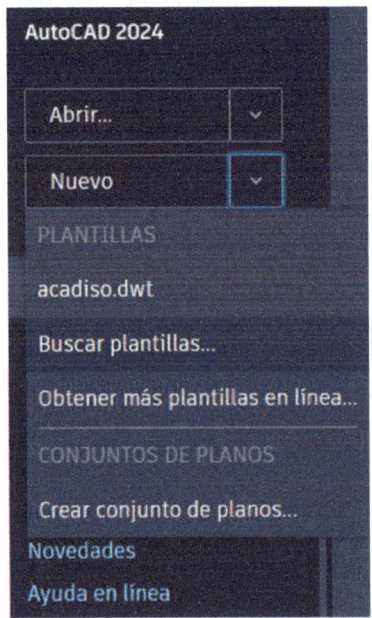

Si guardaste la plantilla en una ubicación personalizada, navega hasta esa ubicación y selecciona tu plantilla.

A continuación, se expone un ejemplo paso a paso sobre el uso de las opciones de personalización en AutoCAD.

A. Interfaz de usuario: En este ejemplo vamos a añadir la ficha de "Herramientas 3D" a la cinta de opciones. Haz clic derecho sobre una pestaña de la cinta de opciones y sitúa el ratón encima de la opción de "Mostrar fichas". Finalmente, en el menú que se despliega haz clic en "Herramientas 3D".

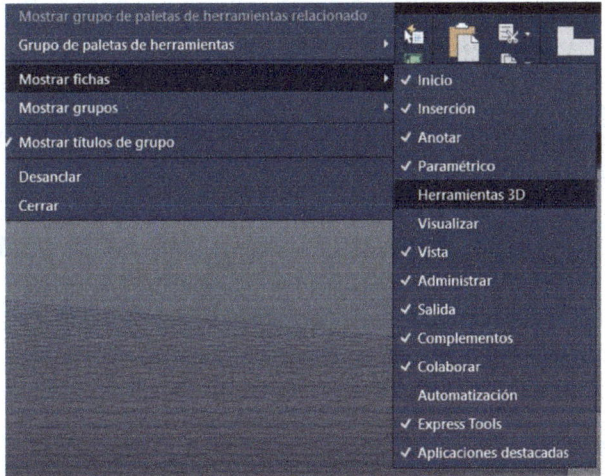

A partir de este momento "Herramientas 3D" aparecerá en la cinta de opciones:

B. Menús y alias de comandos: En este ejemplo vamos a crear un alias para el comando "Alinear". Usa CUIDRAPID en la barra de comandos" y busca la palabra "Alinear" en el buscador:

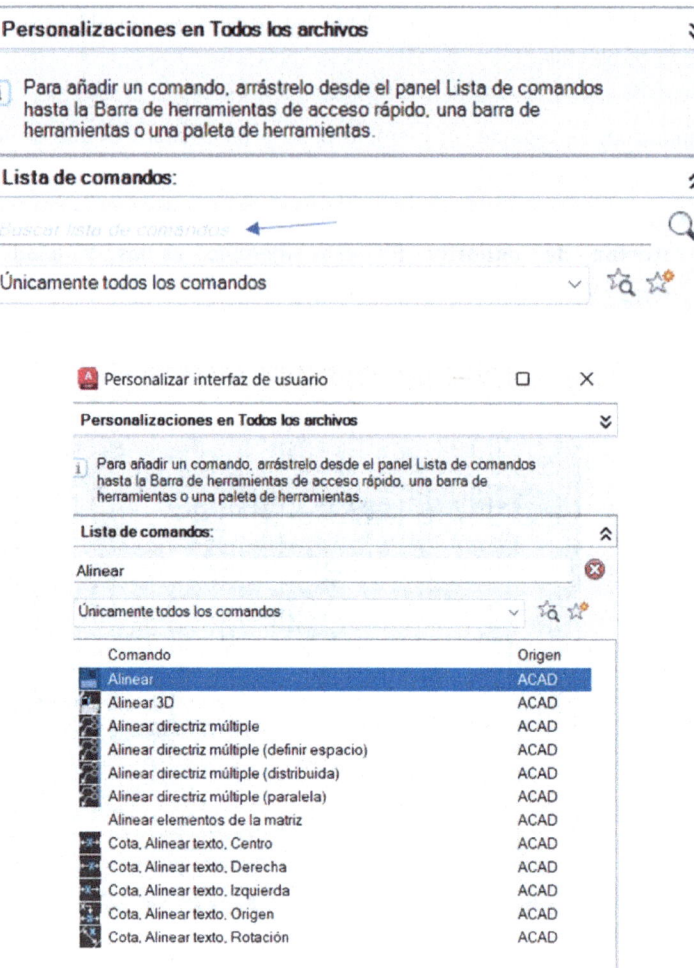

Añade un nuevo alias, por ejemplo "A" para el comando "Alinear":

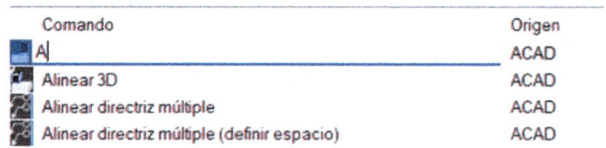

Marca "Enter" y haz clic en "Aceptar". Si vuelves a abrir la lista de comandos se puede observar la variación:

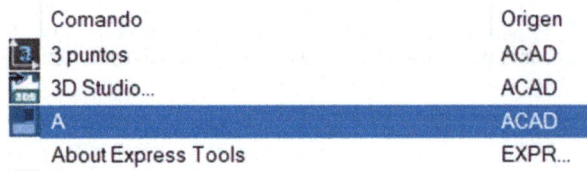

Comando	Origen
3 puntos	ACAD
3D Studio...	ACAD
A	ACAD
About Express Tools	EXPR...

C. Plantillas: En este ejemplo vamos a crear una plantilla con el cubo:

1. Abre el dibujo del cubo que hemos creado anteriormente.
2. Ve a "Archivo" -> "Guardar como" y elige el tipo de archivo "Plantilla de dibujo (*.dwt)".
3. Guarda la plantilla con un nombre descriptivo.

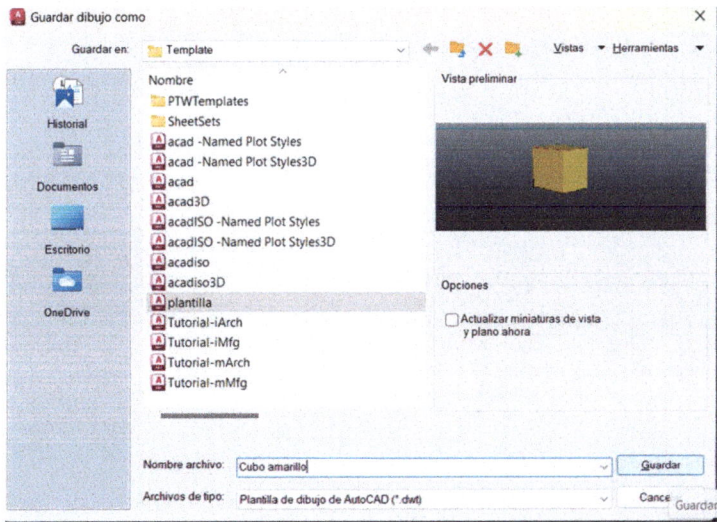

Anotación

La capacidad de personalización y las funciones avanzadas de AutoCAD son lo que lo convierte en una herramienta poderosa para profesionales de diseño y dibujo técnico.

Resumen

AutoCAD es esencial para quienes desean adentrarse en el mundo del diseño asistido por ordenador. Sus herramientas básicas forman la columna vertebral de cualquier proyecto, permitiendo realizar diseños precisos y detallados. Entre las herramientas de dibujo, AutoCAD ofrece la posibilidad de trazar líneas, polilíneas, círculos y arcos. Estas herramientas permiten la creación de diversas formas y estructuras.

Para modificar diseños ya existentes, hay herramientas como desplazar, copiar, girar, estirar y escalar. Estas herramientas son vitales para ajustar y adaptar diseños según las necesidades del proyecto. Adicionalmente, es posible anotar detalles y dimensiones en el diseño gracias a las herramientas de anotación, siendo "Texto" y "Acotar" las más destacadas.

La gestión de capas en AutoCAD se simplifica con la herramienta "Propiedades de capa", que brinda opciones para manejar la visibilidad, color y tipo de línea, entre otros aspectos. Los bloques, que son elementos de diseño recurrentes, pueden insertarse fácilmente en el dibujo. Y, para mantener la coherencia en el diseño, la función "Igualar propiedades" permite transferir las características de un objeto a otro.

AutoCAD 2024 no solo se queda en lo básico. Ofrece una gama amplia de funciones avanzadas y opciones de personalización. En cuanto al modelado, permite la creación y edición de objetos en 3D, brindando una dimensión adicional al diseño. Además, tiene diversas opciones de visualización que incluyen estilos visuales como estructuras, sombreados y modos realistas. También se destaca la paleta de propiedades que proporciona información detallada y permite la edición de objetos seleccionados.

Además, el *software* ofrece opciones para vincular y anexar diferentes tipos de archivos a los diseños, como DWG, imágenes y PDF. Es posible exportar diseños fuera de AutoCAD, siendo los formatos DWF y PDF los más utilizados para compartir y presentar trabajos.

Las *Express Tools* ofrecen un conjunto adicional de herramientas para facilitar tareas comunes, como trabajar con bloques, texto, dimensiones, entre otros. Y, finalmente, la personalización es una característica fuerte de AutoCAD 2024, permitiendo a los usuarios adaptar la interfaz según sus preferencias, desde la cinta de opciones hasta los comandos y plantillas.

Glosario

BIM (Building Information Modeling)

Proceso que involucra la generación y gestión de datos digitales de las características físicas y funcionales de un lugar.

Capa

En *software* CAD, se refiere a una categorización de objetos donde cada capa puede contener un tipo específico de objeto o información.

DWF (*Design Web Format*)

Formato diseñado por *Autodesk* para distribuir e interactuar con información de diseño.

DWG

Extensión de archivo estándar para archivos AutoCAD. Representa datos de diseño binario.

Esbozo

Representación visual simplificada de un diseño.

Extrusión

Proceso para crear un objeto 3D a partir de un perfil 2D.

Malla

En 3D, una colección de vértices, aristas y caras que define la forma de un objeto poligonal.

Polilínea

Secuencia continua de segmentos de línea o arcos en 2D o 3D.

Renderización

Proceso de generar una imagen a partir de un modelo 3D mediante *software* específico.

Zona de trabajo (*Workspace*)

Interfaz personalizable en programas CAD que contiene conjuntos de herramientas y paneles.

Zoom

Herramienta que permite acercarse o alejarse en la visualización de un diseño.

Ejercicios de autoevaluación

1. **¿Cuál es el propósito principal de las herramientas básicas de AutoCAD?**

   a. Para la edición de vídeos.

   b. Para realizar diseños precisos y detallados.

   c. Para la gestión de documentos.

2. **Dentro de las herramientas básicas de AutoCAD, ¿cuál no se utiliza para trazar?**

   a. Polilíneas.

   b. Círculos.

   c. Desplazar.

3. **¿Qué herramienta de AutoCAD es vital para adaptar diseños según las necesidades del proyecto?**

   a. Girar.

   b. Texto.

   c. Igualar propiedades.

4. **¿Para qué se utilizan las herramientas de anotación en AutoCAD?**

   a. Para girar objetos.

   b. Para trazar círculos.

   c. Para anotar detalles y dimensiones en el diseño.

5. ¿Cuál es la función de la herramienta "Propiedades de capa"?

    a. Crear objetos en 3D.

    b. Manejar la visibilidad, color y tipo de línea de las capas.

    c. Transferir las características de un objeto a otro.

6. ¿Qué son los bloques en AutoCAD?

    a. Herramientas para anotar detalles.

    b. Estilos visuales para visualización.

    c. Elementos de diseño recurrentes.

7. En AutoCAD 2024, ¿qué dimensión adicional se puede añadir al diseño?

    a. 2D.

    b. 4D.

    c. 3D.

8. ¿Qué proporciona la paleta de propiedades en AutoCAD 2024?

    a. Opciones para vincular y anexar diferentes tipos de archivos.

    b. Información detallada y permite la edición de objetos seleccionados.

    c. Herramientas para facilitar tareas comunes como trabajar con bloques.

9. ¿Cuál es uno de los formatos más utilizados para compartir y presentar trabajos de AutoCAD 2024?

    a. DWG.

    b. DWF.

    c. TXT.

10.¿Qué permiten hacer las *Express Tools* en AutoCAD 2024?

a. Adaptar la interfaz según las preferencias de los usuarios.

b. Facilitar tareas comunes, como trabajar con bloques, texto, dimensiones, entre otros.

c. Crear objetos en 3D.

U. A. 3. Ingeniería de procesos

Introducción

La ingeniería de procesos en el ámbito del diseño asistido por ordenador se refiere a la metodología y las herramientas utilizadas para definir, analizar, mejorar y documentar los procesos de diseño. Esta unidad se centra en cómo AutoCAD, una de las herramientas CAD más populares, se utiliza en la ingeniería de procesos. Aprenderemos cómo mapear y simular procesos, optimizar flujos de trabajo y utilizar herramientas específicas que faciliten la toma de decisiones. Además, se abordarán las mejores prácticas para garantizar un diseño eficiente y efectivo, minimizando errores y redundancias.

Objetivos

- Comprender y aplicar las herramientas de AutoCAD específicas para la ingeniería de procesos. Esto incluye la capacidad de mapear flujos de trabajo, identificar cuellos de botella y áreas de mejora, y aplicar soluciones para optimizar el proceso de diseño.
- Integrar las mejores prácticas en la ingeniería de procesos con AutoCAD. Esto asegura que los diseños no sólo cumplan con los estándares de la industria, sino que también sean eficientes y efectivos desde el punto de vista del proceso, reduciendo el tiempo y los recursos necesarios para completar proyectos.

1. Ingeniería de procesos

AutoCAD ha sido una herramienta esencial para los profesionales del diseño durante décadas, y con cada versión, se han añadido características y herramientas que facilitan la ingeniería de procesos.

 Anotación

La ingeniería de procesos se refiere al diseño, análisis, optimización, control y mejora de procesos industriales, operativos o de producción con el objetivo de producir un producto o servicio de manera eficiente y efectiva. Abarca tanto procesos químicos, como la transformación y producción de materiales, como procesos no químicos, como la manufactura, logística y operaciones de servicio.

La ingeniería de procesos se centra en convertir materias primas o insumos en productos de valor añadido, asegurando que esto se haga de la manera más eficiente, segura y sostenible posible. Esto implica no solo diseñar y configurar el proceso en sí, sino también considerar equipos, sistemas de control, prácticas operativas y muchos otros factores que pueden influir en el rendimiento del proceso.

En el contexto de herramientas como AutoCAD y otros *softwares* de Diseño Asistido por Ordenador (DAO), la ingeniería de procesos se refiere a la metodología y herramientas utilizadas para definir, analizar, mejorar y documentar procesos de diseño. Esto incluye la forma en que los proyectos pasan desde la concepción inicial hasta el diseño detallado, la revisión, la aprobación y la implementación final.

A continuación, se explican las herramientas y funciones específicas de AutoCAD para la ingeniería de procesos.

A. Mapeo de flujos de trabajo

AutoCAD permite a los usuarios visualizar y mapear sus flujos de trabajo, identificando cada paso del proceso de diseño. Esto es esencial para entender cómo fluye la información, dónde pueden surgir problemas y cómo se pueden optimizar las operaciones.

Vocabulario

Un **flujo de trabajo o *workflow*** en inglés, se refiere a una secuencia definida y organizada de procesos o tareas a través de las cuales se completa un trabajo o se logra un objetivo específico. Los flujos de trabajo detallan quién debe hacer qué y en qué orden. Pueden ser simples o complejos dependiendo de la naturaleza del trabajo y la cantidad de pasos o participantes involucrados.

Los flujos de trabajo son esenciales en muchas áreas, desde la producción industrial hasta el diseño gráfico y la gestión de proyectos. Su propósito principal es mejorar la eficiencia, la transparencia y la previsibilidad al estandarizar las tareas y secuencias.

El mapeo, en el contexto de AutoCAD y otros programas de diseño asistido por computadora, generalmente se refiere a la asignación de texturas o imágenes a objetos para crear representaciones realistas en visualizaciones 3D. Sin embargo, el mapeo también puede referirse a la creación de mapas geoespaciales, la representación de datos geográficos en un espacio bidimensional, y la vinculación de datos a geometrías específicas.

Dentro de AutoCAD, hay varias maneras en que el mapeo puede influir en el flujo de trabajo.

---

1. Mapeo de materiales (textualización)

En modelos 3D, puedes añadir diferentes materiales a superficies específicas. Estos materiales pueden tener mapas de textura, que son imágenes que determinan el color y el patrón del material.

También puedes aplicar mapas de relieve (para simular rugosidad) o mapas de reflexión, entre otros. Una vez mapeados, los modelos 3D pueden renderizarse para obtener imágenes realistas.

En AutoCAD, el mapeo de materiales y la texturización son parte de las capacidades 3D del *software*. A continuación, te guiaremos sobre cómo puedes acceder y trabajar con estas herramientas.

Para empezar con el mapeo de materiales, primero necesitarás abrir la paleta de materiales. Puedes hacerlo escribiendo MATERIALES en la línea de comando y presionando *Enter*:

Esta paleta te mostrará todos los materiales disponibles en tu dibujo actual y te permitirá crear o editar materiales.

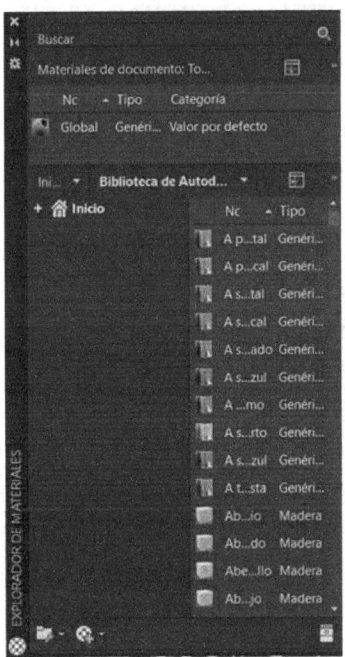

- **Asignación de materiales a objetos**: Una vez que tengas la paleta de materiales abierta, puedes añadir un material a un objeto seleccionando el objeto, y luego haciendo clic derecho en el material deseado.

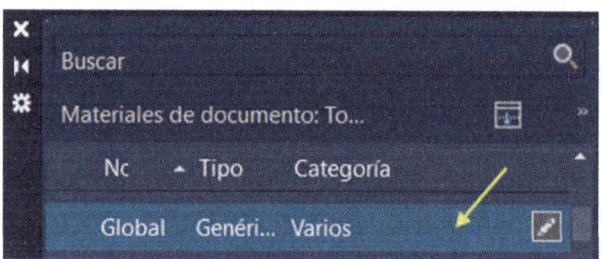

- **Editando materiales**: En la paleta de materiales, haz clic derecho en un material para editar sus propiedades. Selecciona el icono de editar el material. Aquí, puedes cambiar el color básico del material, añadir mapas de textura (para determinar el color y patrón), mapas de *bump* (para simular rugosidad), y otros mapas, como reflexión.

  - **Cambio del color básico**. En "Genérico", tienes la opción "Color por objeto". Aquí puedes definir un color base para el material.
  - **Añadir mapas de textura**. En "Genérico", puedes ver la opción "Imagen". Ahí es donde puedes cargar una textura para tu material. Haz clic en esa sección (donde dice "ninguna imagen seleccionada") y debería permitirte seleccionar una imagen de tu ordenador para usar como textura.
  - **Mapas de relieve**. El mapa de relieve se utiliza para simular la rugosidad de un material. Haz clic en "Relieve" para explorar las opciones y cargar un mapa que simule la rugosidad.
  - **Mapas de reflexión**. La sección "Reflexividad" te permite controlar cómo el material refleja la luz. Puedes ajustar esta sección según lo reflectante que desees que sea tu material.
  - **Transparencia**. Esta sección te permitirá ajustar qué tan transparente es el material. Esto es útil para materiales como vidrio o agua.
  - **Matizado**. Puedes ajustar este parámetro para conseguir un aspecto mate o brillante en tu material.

- o **Autoiluminación**. Esta sección permite que el material emita luz por sí mismo, útil para simular objetos luminosos como lámparas o luces LED.
- o **Cortes**. Se relaciona con la manera en que el material interactúa con cortes o secciones en el modelo.

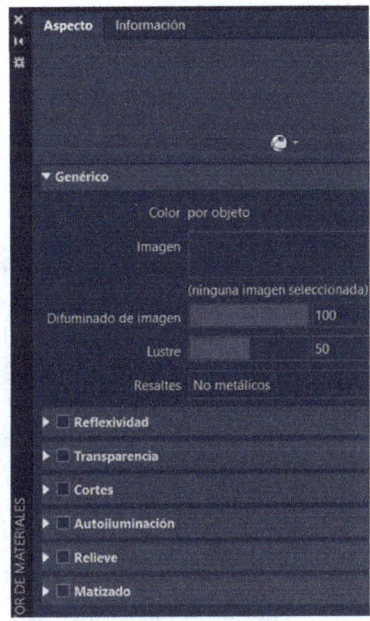

- **Renderizado**: Una vez que hayas mapeado tus materiales, puedes renderizar tu modelo 3D para ver cómo se verá con los materiales aplicados. AutoCAD tiene una función de renderizado incorporada que puedes acceder escribiendo *RENDER* en la línea de comando y presionando *Enter*.

También puedes acceder al espacio de trabajo de renderizado desde la barra de herramientas de espacios de trabajo o desde la pestaña de Visualizar (esto puede variar dependiendo de la versión de AutoCAD).

A continuación, se expone un ejemplo práctico sobre cómo añadir un material de madera con una textura específica a un objeto 3D (el cubo de ejemplos anteriores) y cómo ajustar su apariencia y renderizarlo.

1. **Abrir el objeto 3D**: Abre el modelo del cubo que hemos hecho en ejemplos anteriores.

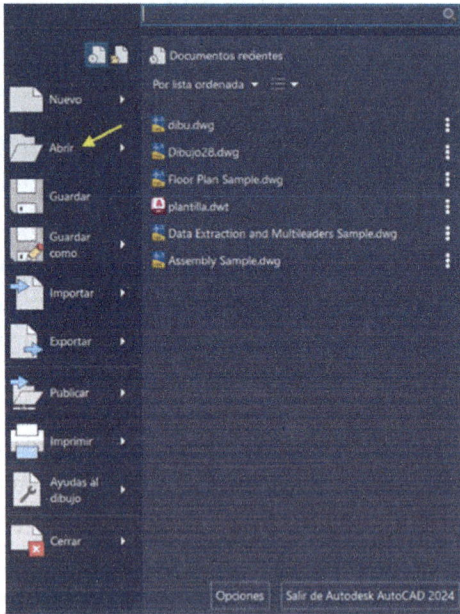

2. **Paleta de materiales**: Escribe MATERIALES en la línea de comando y presiona *Enter* para abrir la paleta de materiales.

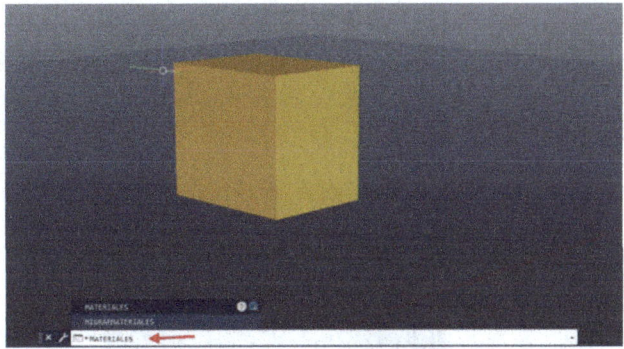

3. **Crear un nuevo material**: En la paleta, haz clic en el icono de suma de la parte de abajo y selecciona "Nuevo material genético". A continuación, nómbralo como "Madera personalizada".

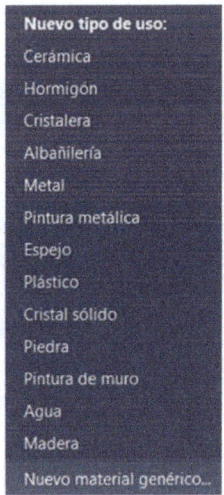

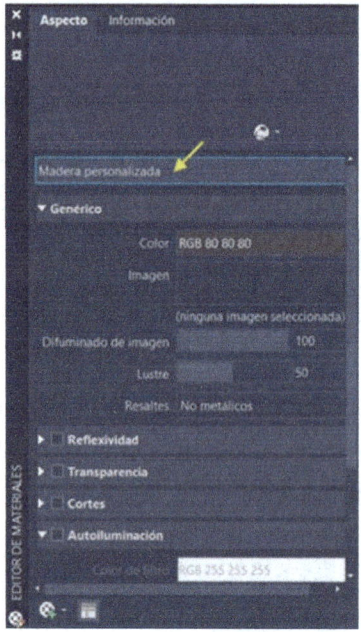

4. **Editar el material de "Madera personalizada"**: Dentro de "Genérico", en "Color por objeto", cambia el color a un tono marrón (por ejemplo, RGB 115,80,43) que represente la madera y haz clic en "Aceptar". Bajo "Imagen", haz clic donde dice "ninguna imagen seleccionada". Busca y selecciona una imagen con textura de madera de tu ordenador.

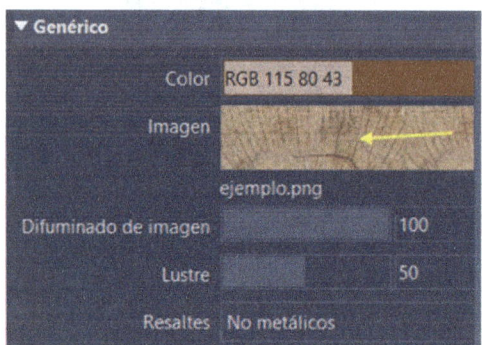

5. **Mapas adicionales**: En "Relieve", carga una imagen que represente la rugosidad de la madera para darle más realismo.

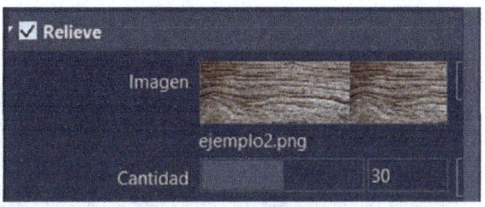

En "Reflexividad", reduce la reflexión para que la madera no parezca demasiado brillante.

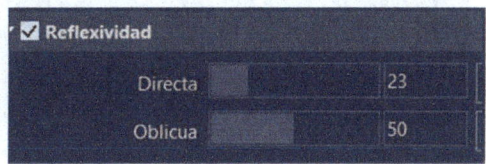

6. **Asignación del material al cubo**: Selecciona el cubo en tu espacio de trabajo. Luego, en la paleta de materiales, haz clic derecho en "Madera personalizada".

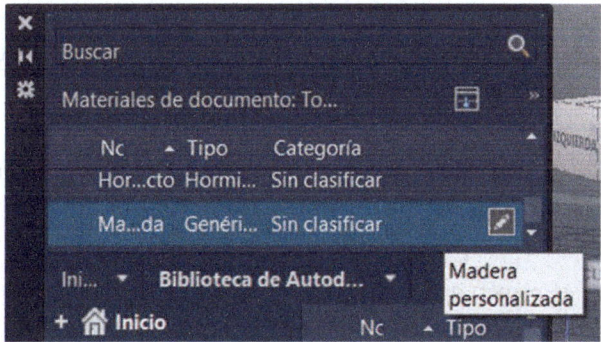

7. **Renderizado**: Una vez se añade el material, es hora de ver cómo se ve. Escribe *RENDER* en la línea de comando y presiona *Enter*.

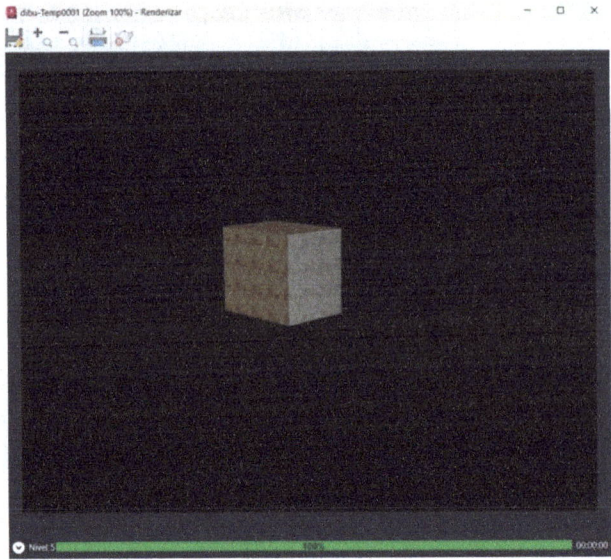

2. Mapeo geoespacial

AutoCAD cuenta con herramientas específicas para trabajar con datos geoespaciales. Puedes importar datos de sistemas de información geográfica (SIG) y representarlos en el espacio de dibujo.

Las herramientas de mapeo permiten alinear y escalar correctamente los datos geoespaciales con el diseño.

En AutoCAD, el mapeo geoespacial es esencial para trabajar con ubicaciones y datos geográficos. A continuación, se explica cómo acceder y trabajar con estas herramientas.

- **Ubicación geográfica**: Este comando te mostrará una interfaz donde puedes definir la ubicación exacta de tu proyecto, basada en mapas reales. Para empezar con el mapeo geoespacial, primero necesitarás definir la ubicación geográfica de tu proyecto. Puedes hacerlo escribiendo GEO en la línea de comando y presionando *Enter*.

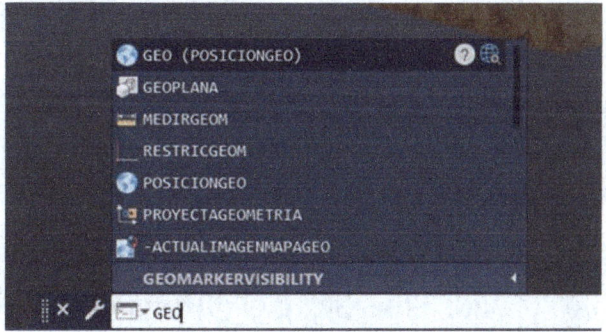

Este comando te mostrará una interfaz donde puedes definir la ubicación exacta de tu proyecto, basada en mapas reales.

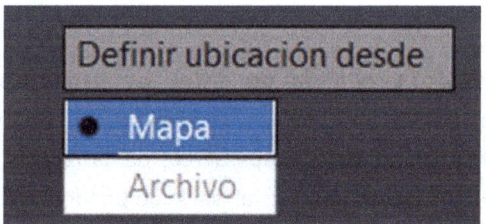

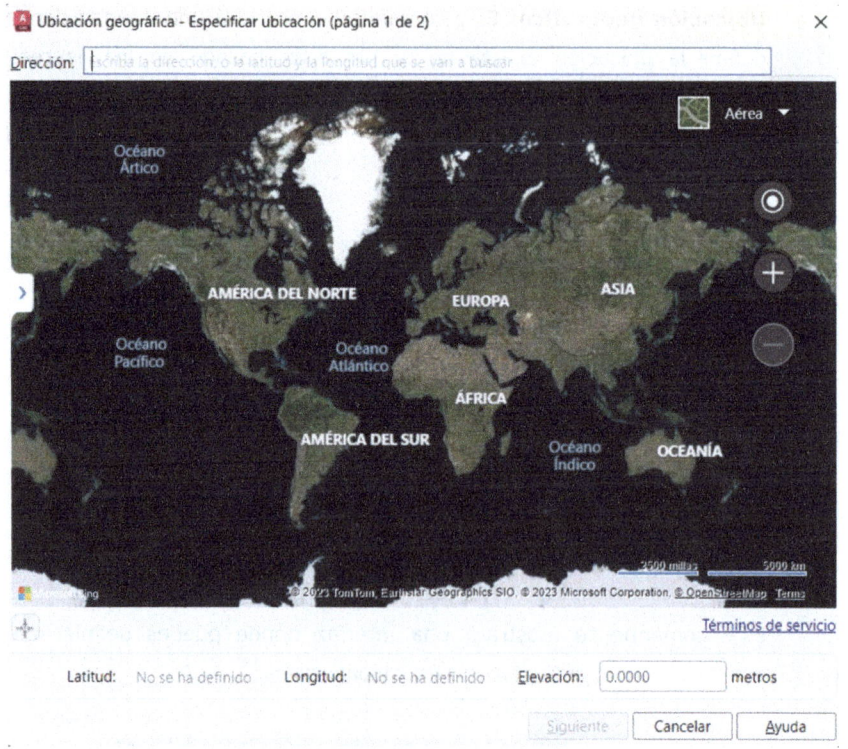

- **Incorporación y edición de datos geoespaciales**: Antes de incorporar datos geoespaciales adicionales, es esencial definir qué tipo de mapa de fondo deseas utilizar, ya sea un mapa aéreo, de carreteras, híbrido o ninguno. Esto establece la base sobre la cual se superpondrán otros datos geoespaciales. Para ello, usa el comando MAPAGEO.

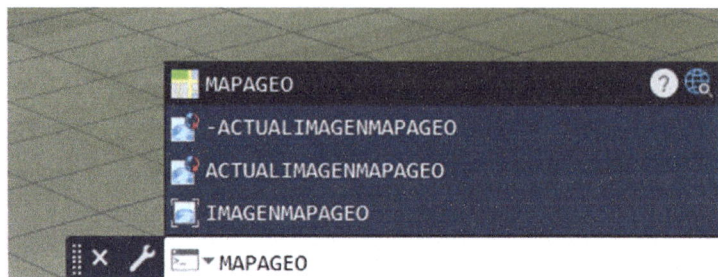

Las herramientas y opciones relacionadas con el mapeo geoespacial te permiten vincular tu dibujo a una ubicación geográfica específica y luego trabajar con datos geoespaciales en tu proyecto. A continuación, se describe cada herramienta.

- **Editar ubicación**. Permite definir o cambiar la ubicación geográfica de tu dibujo.
- **Reorientar marcador**. Ajusta la orientación del marcador geoespacial en tu dibujo.
- **Eliminar ubicación**. Si ya has establecido una ubicación geográfica para tu dibujo y deseas eliminarla, esta opción te permite hacerlo.
- **Marcar posición**. Esta herramienta te permite establecer un punto o marcador en una ubicación específica dentro de tu dibujo.

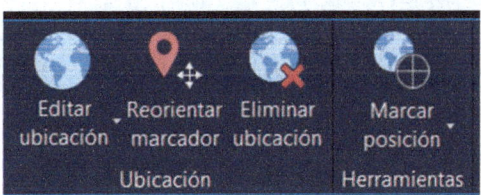

**Saber más**

Dentro de Marcar posición se encuentran las siguientes herramientas:

- "Latitud-longitud" te permite definir una ubicación basándote en coordenadas geográficas específicas, introduciendo valores de latitud y longitud.
- "Mi ubicación" posibilita que, si estás utilizando un dispositivo con capacidades de geolocalización, AutoCAD pueda detectar y establecer automáticamente tu ubicación actual en el dibujo.
- "Punto" te permite establecer una ubicación basándote en un punto específico que selecciones en tu dibujo o en el mapa superpuesto.

- **Trabajar con capas geoespaciales**: Los datos geoespaciales en AutoCAD suelen organizarse en capas. Puedes controlar la visibilidad, orden y apariencia de estas capas utilizando la paleta de capas (*LAYER*).

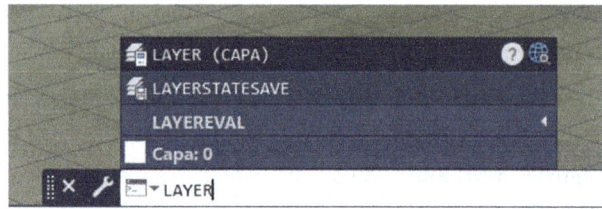

- **Exportación de datos geoespaciales**: Si necesitas compartir tus datos con otros sistemas o aplicaciones SIG, puedes exportar tus datos geoespaciales usando el comando EXPORTAR.

- **Visualización**: Una vez que hayas incorporado y ajustado tus datos geoespaciales, puedes visualizar tu proyecto en el contexto geográfico definido. Usa la función de visualización 3D (3DORBITA) para obtener una vista panorámica del proyecto y su entorno.

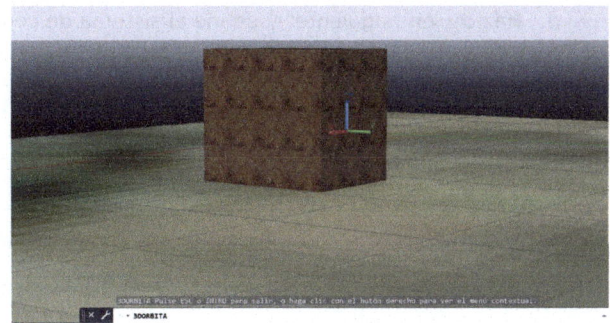

A continuación, se expone un ejemplo práctico y paso a paso para trabajar con datos geoespaciales en AutoCAD. Tienes que ubicar el cubo de los ejemplos anteriores en una ubicación específica (Madrid) con datos geoespaciales.

1. **Definir la ubicación geográfica del proyecto**:

   a. Abre AutoCAD.
   b. En la línea de comando, escribe GEO y presiona *Enter*.
   c. Se abrirá una interfaz que te permitirá definir la ubicación geográfica de tu proyecto. Elige "Madrid, España" como ubicación.

d. Haz clic en "siguiente" y define el sistema de coordenadas.

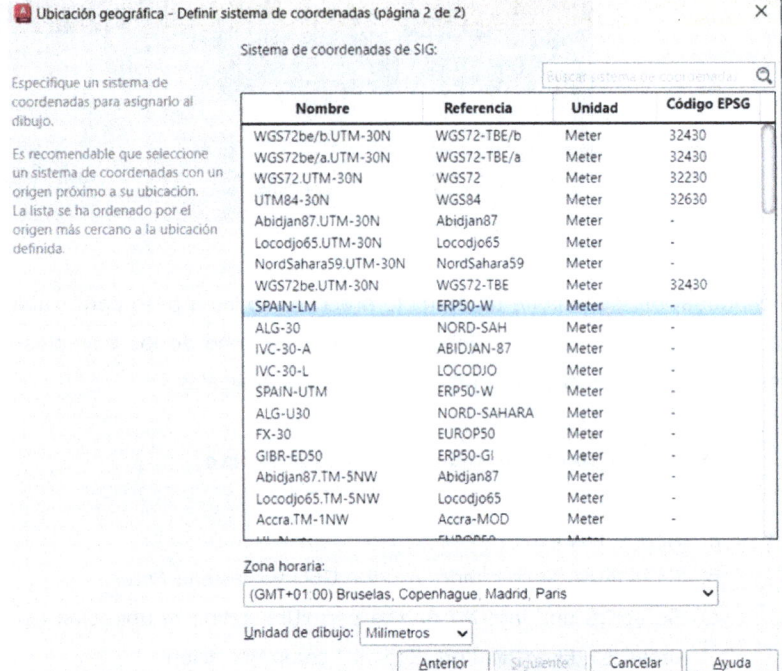

Además, hay que seleccionar una unidad de dibujo que coincida con las unidades del mapa. Por ejemplo, si seleccionamos "Metros", aparecerá el siguiente mensaje. Si aun así decidimos continuar el tamaño será desproporcionado.

Esto sucede porque las unidades del dibujo están en milímetros. Si queremos cambiarlo sólo habrá que escribir el comando UNIDADES en la barra y cambiar la escala de inserción a la medida que necesitemos. En nuestro caso, vamos a utilizar milímetros.

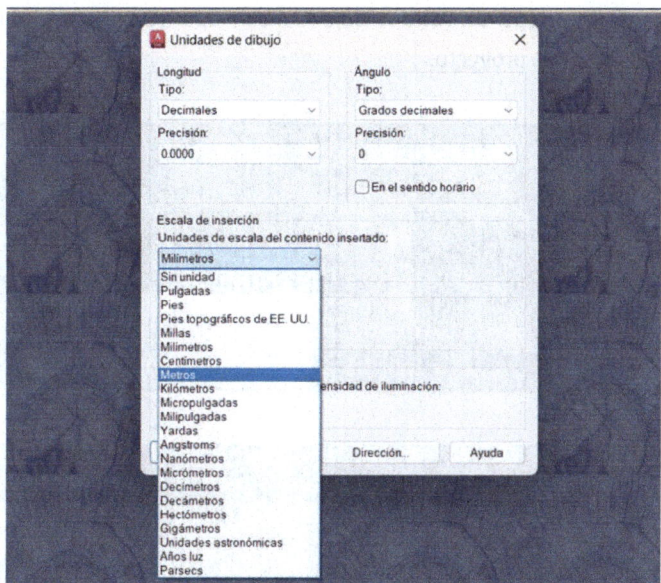

A continuación, selecciona el punto para la posición y aparecerá el dibujo correctamente.

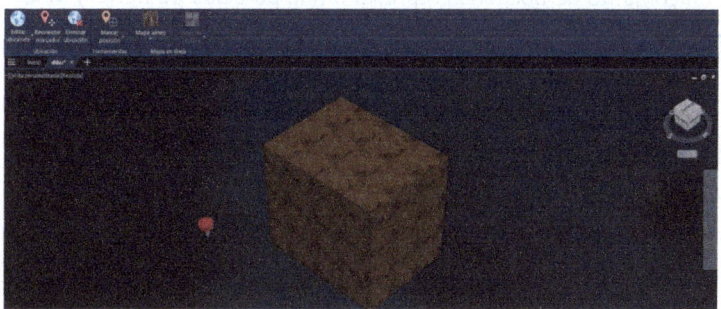

2. **Elegir un mapa de fondo**: Selecciona "Mapa aéreo" como el tipo de mapa de fondo para tu proyecto.

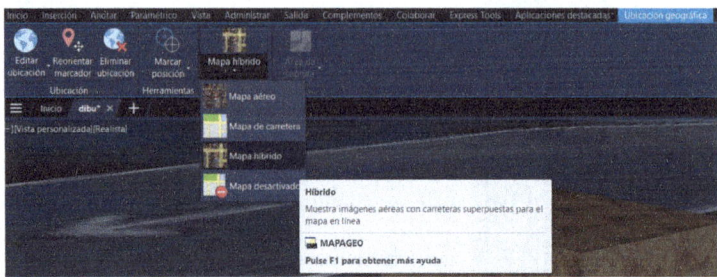

B. Vinculación de datos

Puedes vincular datos externos a objetos específicos en AutoCAD. Por ejemplo, puedes tener un conjunto de polígonos representando parcelas de tierra y vincular datos sobre los propietarios, el uso del suelo, etc.

Esto permite una visualización dinámica de datos y la posibilidad de generar informes directamente desde el dibujo.

En AutoCAD, la vinculación de datos es fundamental para trabajar con información tabular asociada a objetos en tu dibujo. A continuación, se muestra cómo puedes acceder y trabajar con las herramientas.

Accede a "Anotar" en la cinta de opciones y dentro del apartado de "Tablas" vas a poder crear una nueva tabla (Tabla), extraer datos de los objetos en tu dibujo para insertarlos en una tabla (Extraer datos) y también trabajar con datos vinculados (Datos de vínculo).

Extracción de datos

Si necesitas extraer información de tu dibujo para análisis o informes, puedes usar el comando **EXTRACDAT**.

O seleccionar directamente esta opción (cinta de opciones, ve a "Anotar", dentro del apartado de "Tablas", selecciona "Extraer datos"). Esta herramienta te permite seleccionar objetos, especificar qué datos quieres extraer y luego exportarlos.

En ambos casos aparecerá la siguiente ventana con las siguientes opciones:

- **Crear una nueva extracción de datos**: Ideal si estás empezando a extraer información de un dibujo por primera vez.

- **Usar extracción anterior como plantilla**: Si ya has configurado y guardado parámetros específicos para una extracción previa (como un archivo .dxe o .blk), puedes usar esa plantilla para repetir el proceso.

- **Editar una extracción de datos existente**: Si tienes una extracción previa y solo necesitas hacer pequeñas modificaciones, puedes cargarla y editarla directamente.

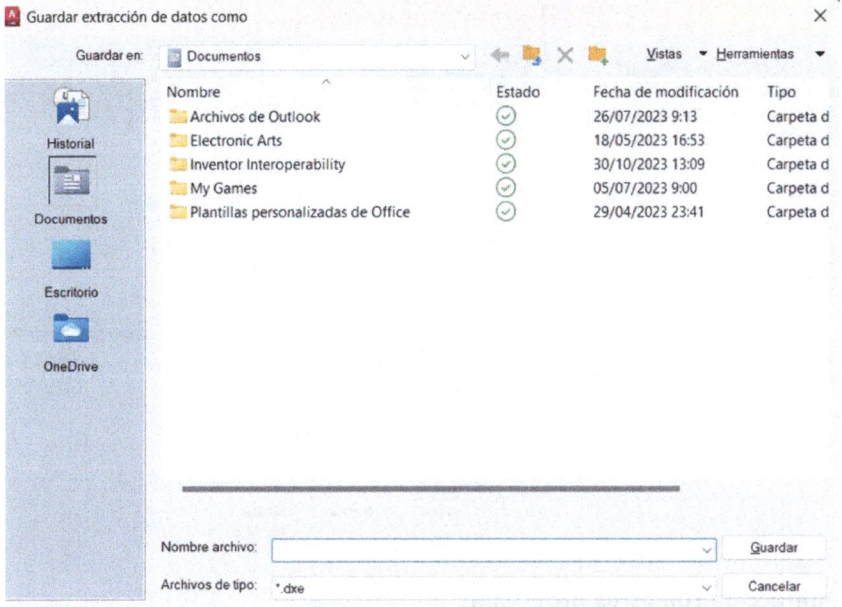

Administración de datos vinculados

Facilita la conexión entre dibujos de AutoCAD y hojas de cálculo de Excel. A través de esta herramienta, los usuarios pueden establecer vínculos para importar y actualizar automáticamente datos de Excel en sus dibujos.

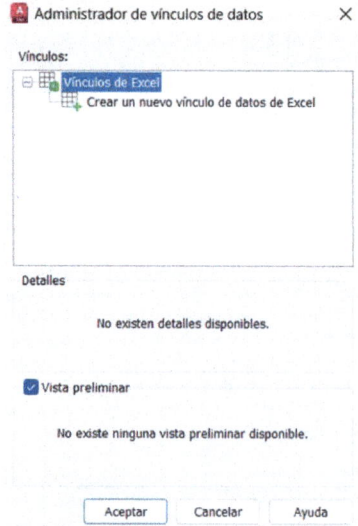

Interacción con otros programas

Las herramientas de vinculación de datos de AutoCAD son compatibles con una variedad de formatos y aplicaciones, lo que te permite importar y exportar datos desde y hacia programas como Excel, bases de datos y otros programas CAD.

Este sistema optimiza la integración de información entre ambos programas, permitiendo una gestión de datos más eficiente y coherente.

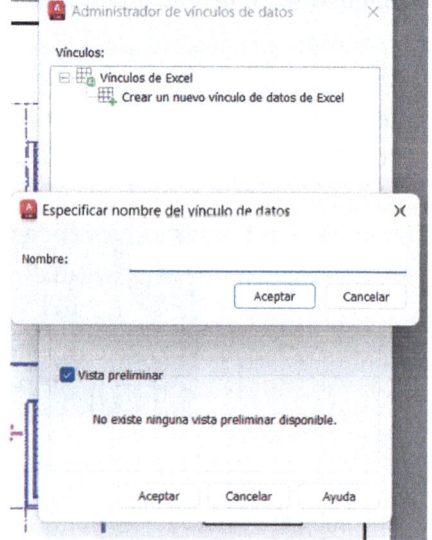

A continuación, se va a exponer un ejemplo de vinculación de datos en AutoCAD para un plano arquitectónico. Se deben seguir los siguientes pasos:

1. En primer lugar, crear la siguiente tabla en Excel:

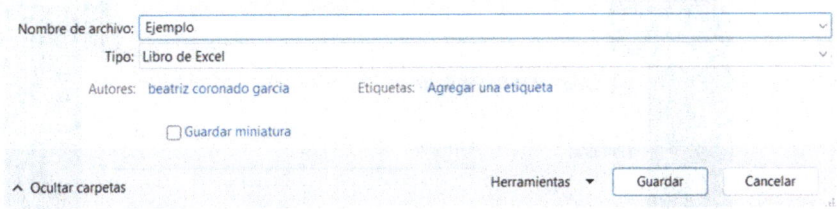

	A	B	C	D	E	F
1	ID	Descripción	Cantidad	Material	Dimensiones	Observaciones
2	1	Puerta	10	Madera roble	200x80 cm	Entrada principal
3	2	Ventana	20	Vidrio	100x60 cm	Doble acristalamiento
4	3	Pared	200 m2	Ladrillo	-	Pared exterior
5	4	Suelo	500 m2	Cerámica	-	Sala de estar
6	5	Techo	200 m2	Yeso	-	Techo interior

2. Guardar el archivo en formato Excel:

Nombre de archivo: Ejemplo

Tipo: Libro de Excel

Autores: beatriz coronado garcia   Etiquetas: Agregar una etiqueta

☐ Guardar miniatura

∧ Ocultar carpetas   Herramientas ▼   Guardar   Cancelar

3. Abrir AutoCAD y seleccionar el dibujo en el que vamos a insertar la tabla:

4. Utilizar la función "Datos de vínculo" en AutoCAD para vincular la tabla de Excel con el dibujo.

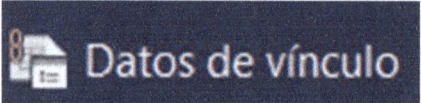

5. Crear un nuevo vínculo de datos de Excel y ponerle un nombre:

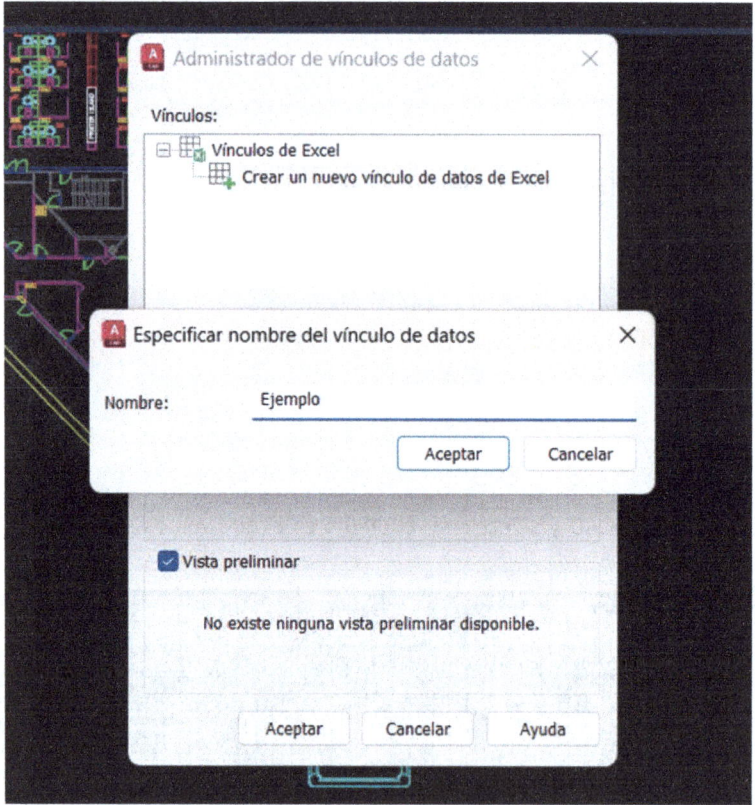

6. Seleccionar el archivo de Excel con la tabla que hemos realizado anteriormente:

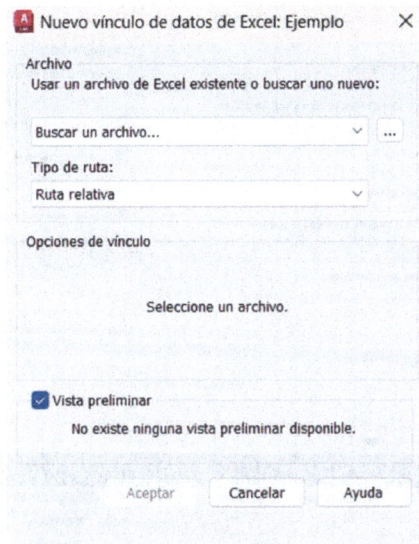

7. Administrar las preferencias del nuevo vínculo de datos en la ventana emergente:

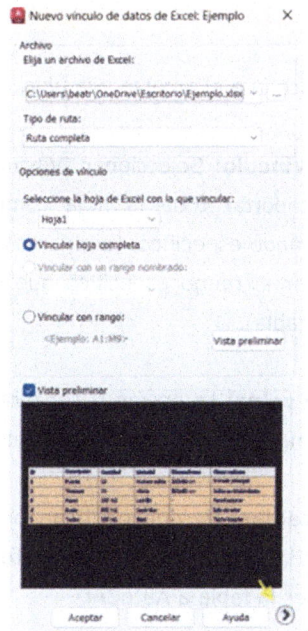

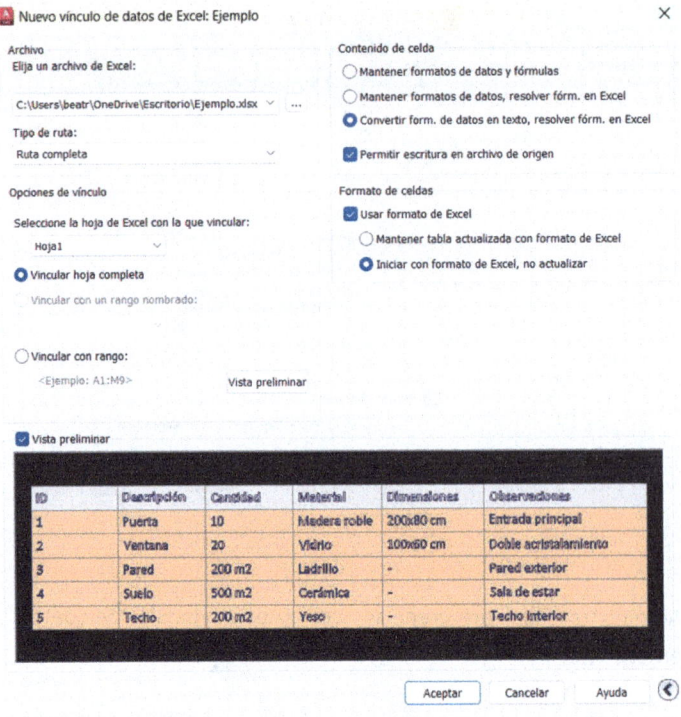

- **Archivo:** Verifica que el archivo y la ubicación sean correctos.

- **Opciones de vínculo:** Seleccionar "Vincular hoja completa", es apropiado si se desea importar toda la hoja como en este ejemplo. Si solo se necesitara un rango específico, tendríamos que usar la opción "Vincular con rango" e indicar el rango específico que se desea vincular (por ejemplo, A1:G5 para la tabla).

- **Contenido de celda:** La opción "Usar formato de Excel" es probablemente la mejor para mantener el formato original de la tabla.

- **Formato de celdas:** De nuevo, "Usar formato de Excel" es la opción más conveniente. Esto mantendrá el formato que has establecido en Excel cuando importes la tabla a AutoCAD.

Una vez que hayas configurado todo según tus preferencias, haz clic en "Aceptar".

8. **Insertar la nueva tabla**: Ve a "Tabla" para insertar una tabla nueva y haz clic en la opción de "Datos vinculados" para seleccionar el vínculo que hemos creado. Después de hacer clic en "Aceptar", AutoCAD va a pedir que se especifique un punto de inserción para la tabla en el dibujo. Se debe hacer clic en el lugar donde se quiere que aparezca la tabla.

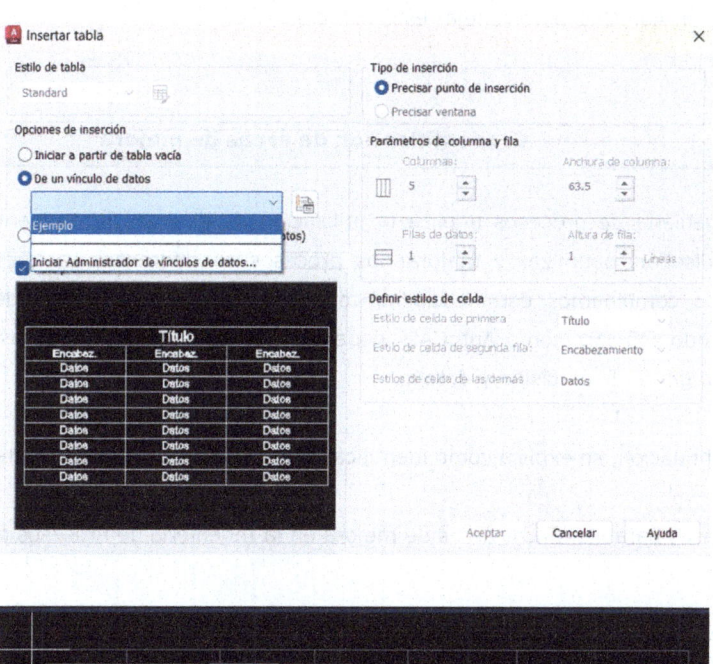

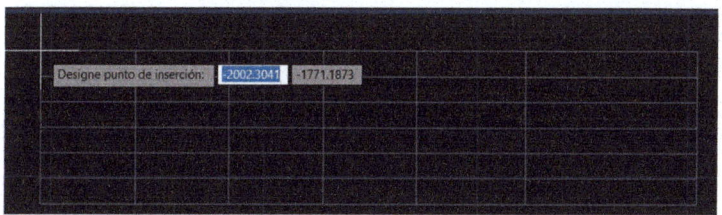

A continuación, la tabla aparecerá en el dibujo:

ID	Descripción	Cantidad	Material	Dimensiones	Observaciones
1	Puerta	10	Madera roble	200x80 cm	Entrada principal
2	Ventana	20	Vidrio	100x60 cm	Doble acristalamiento
3	Pared	200 m2	Ladrillo	-	Pared exterior
4	Suelo	500 m2	Cerámica	-	Sala de estar
5	Techo	200 m2	Yeso	-	Techo interior

A medida que realices cambios en la tabla de Excel, podrás actualizar la tabla en AutoCAD para reflejar esos cambios.

C. Identificación de áreas de mejora

La ingeniería de procesos implica la utilización de diversas herramientas y técnicas para diseñar, optimizar y mejorar los procesos en diferentes sectores industriales. Cuando combinamos esta disciplina con el Diseño Asistido por Ordenador (DAO) utilizando software como AutoCAD, podemos visualizar y modelar estos procesos con un alto grado de precisión y detalle.

A continuación, se explica cómo identificar áreas de mejora en este contexto.

Los pasos para identificar áreas de mejora en la Ingeniería de Procesos con AutoCAD:

1. **Modelado de procesos actuales**: Representa gráficamente los procesos actuales en AutoCAD. Esto proporciona una visualización clara de cómo fluye la información y las materias primas a través del sistema. Al visualizar el proceso, es más fácil identificar cuellos de botella, redundancias o ineficiencias.

2. **Simulación de flujo**: Utiliza las herramientas de simulación en AutoCAD para simular el flujo de materiales o información a través del proceso diseñado. Observa áreas donde se produce una acumulación o donde los recursos están infrautilizados.

3. **Integración con herramientas externas**: Evalúa la eficiencia de integración de AutoCAD con otras herramientas analíticas o sistemas de información que se utilicen en la ingeniería de procesos. Las dificultades o demoras en la integración pueden señalar áreas de mejora.

4. **Análisis de datos**: Recopila y analiza datos de rendimiento de los procesos modelados. Esto podría incluir datos sobre tiempos de ciclo, tasas de defectos o eficiencia de la maquinaria.

Aunque AutoCAD en sí mismo no es primordialmente una herramienta analítica, ofrece diversas funciones y herramientas que pueden ser útiles para revisar y analizar diseños.

A continuación, se explica cómo utilizar concretamente algunas de estas herramientas analíticas o de revisión en AutoCAD.

Revisión de diseño

- **(*Design Review*)** DWG *TrueView* es una aplicación gratuita de Autodesk que permite ver archivos DWG y DXF nativos sin tener una licencia de *AutoCAD*. También puedes usarlo para realizar mediciones y marcar los archivos para revisión.

- ***AutoCAD mobile app*** permite visualizar, editar y compartir tus dibujos en dispositivos móviles, facilitando la revisión en tiempo real,

Herramientas y comandos de medición
- **DIST (Distancia)**: Mide la distancia y el ángulo entre dos puntos.

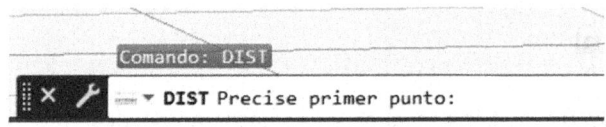

- **AREA**: Calcula el área y el perímetro de un objeto o espacio definido.

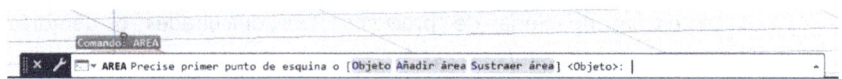

- **LIST**: Proporciona información detallada sobre cualquier objeto seleccionado, como su tipo, capa, área, longitud, etc.

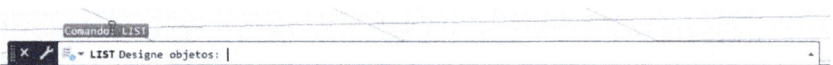

Herramientas de inspección

- **ACOINSPECT**: Permite configurar y utilizar conjuntos de inspección para comprobar y comparar objetos con respecto a estándares específicos.

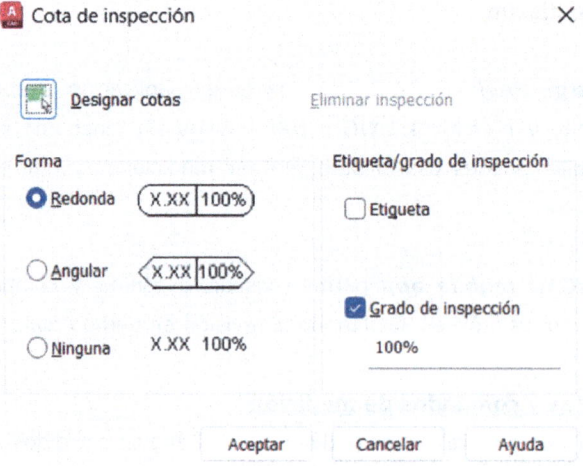

Análisis visual

- **NAVSWHEEL**: Permite girar y desplazar desde diferentes perspectivas para examinar detalles y proporciones.

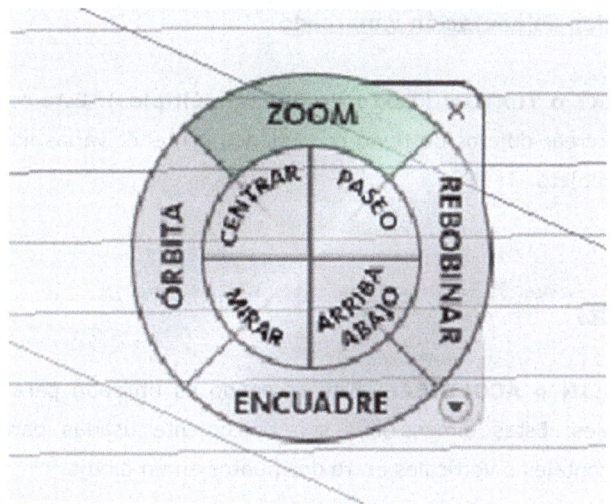

Análisis de interferencias

- **INTERFERECOLOR**: Permite cambiar el color en el que se muestran las interferencias.

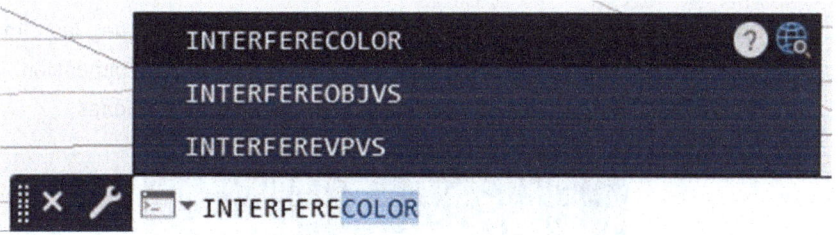

- **INTERFEREOBJVS**: Controla la visualización y apariencia de las interferencias detectadas.

- **INTERFEREVPVS**: Controla la visualización en la vista actual del espacio papel.

Herramientas de anotación y marcado

- **MTEXT o TEXTOM (Texto de líneas múltiples).** Este comando es utilizado para crear objetos de texto que pueden contener varias líneas de texto en un solo objeto.

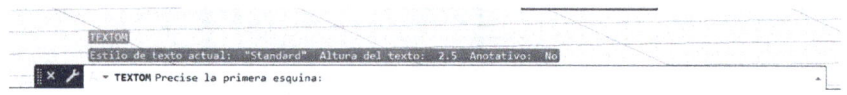

- **DIMLIN o ACOLINEAL**: Este comando es utilizado para crear dimensiones lineales. Estas dimensiones son típicamente usadas para medir distancias horizontales o verticales entre dos puntos en un dibujo.

- **DIMEX**: Exporta las configuraciones de dimensión.

Más herramientas de anotación y marcado son:

- **DIMM**: Dimensión de segmento de línea.
- **DIMREASSOC**: Reasocia dimensiones a objetos.
- **CALIDADIMG**: Controla la calidad de visualización de las imágenes.
  AIDIMFLIPARROW: Invierte la dirección de las flechas de dimensión.
- **ADIMPREC**: Establece la precisión decimal para las dimensiones.

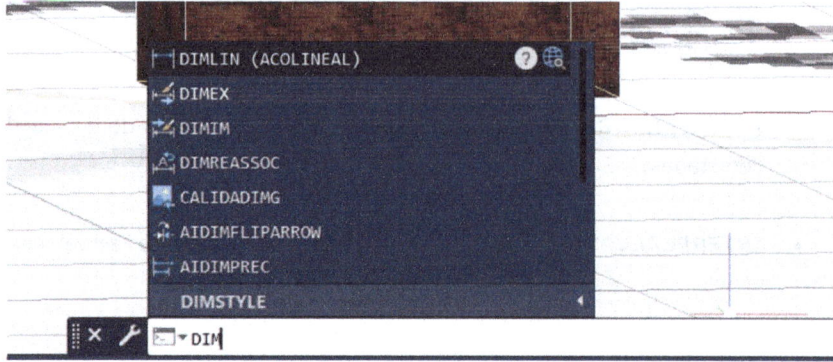

Importante

En ingeniería, arquitectura o cualquier campo relacionado con el diseño, las dimensiones son esenciales para comunicar medidas y escalas de manera clara y efectiva.

Gestión de capas

- **LAYER (o CAPA):** Esta herramienta permite gestionar y controlar las capas dentro del dibujo.

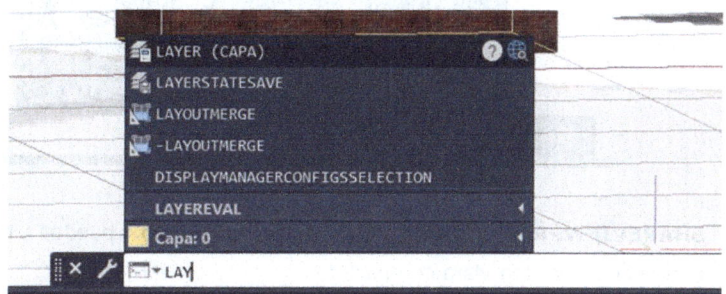

- **LAYERSTATESAVE**: Guarda el estado actual de las capas.

- **LAYOUTMERGE**: Combina dos o más presentaciones en una sola.

- **DISPLAYMANAGERCONFIGSSSELECTION**: Relacionado con la configuración de *Display Manager.*

- **LAYEREVAL**: Evalúa las capas en función de una serie de criterios especificados.

Herramientas de colaboración

- **ONLINESHARE (COMPARTENLINEA)**: Este comando te permite compartir tu diseño con otros usuarios a través de un enlace. No necesitan tener AutoCAD para ver el diseño; pueden verlo en un navegador web.

- **SHAREDVIEWSTATE**: Este comando te muestra el estado actual de todas las vistas compartidas asociadas con el dibujo actual.

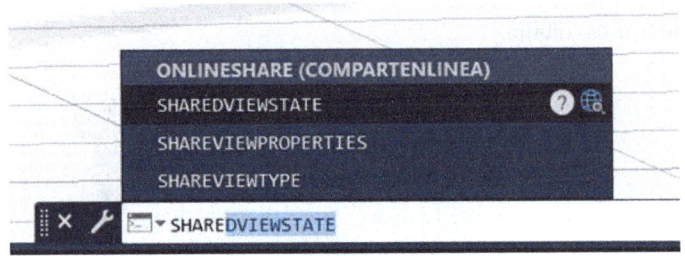

- **SHAREVIEWPROPERTIES**: Con este comando puedes modificar las propiedades de una vista compartida.

- **SHAREVIEWTYPE**: Este comando permite configurar qué tipo de información se compartirá en la vista (por ejemplo, geometría 2D, geometría 3D, visualizaciones, etc.).

La ingeniería de procesos es un campo esencial que requiere precisión, consistencia y colaboración. Cuando se combina con herramientas poderosas como AutoCAD, se pueden alcanzar niveles excepcionales de eficiencia y calidad en el diseño.

Sin embargo, para aprovechar al máximo las capacidades de AutoCAD, es indispensable seguir las mejores prácticas que han sido reconocidas y validadas en la industria.

La siguiente tabla resume algunas de estas prácticas esenciales que todo profesional debe considerar al trabajar en ingeniería de procesos con AutoCAD:

Mejor práctica	Descripción	Beneficios
Uso de plantillas	Utilizar plantillas predefinidas que se ajusten a las normas de la industria y la empresa.	Asegura consistencia en todos los proyectos. Reduce el tiempo de inicio al tener configuraciones preestablecidas.
Capas estandarizadas	Definir y seguir un estándar de capas. Usar nombres descriptivos y colores consistentes.	Facilita la organización del dibujo y mejora la colaboración entre equipos.
Bloques y referencias externas (XREF)	Utilizar bloques para elementos repetidos y XREF para incorporar dibujos externos.	Mejora la eficiencia al reutilizar elementos y asegura que las referencias externas estén siempre actualizadas.
Verificación regular	Implementar revisiones regulares del diseño y usar herramientas de comprobación en Aut oCAD para identificar errores.	Minimiza errores y garantiza la calidad del diseño.
Uso de anotaciones automáticas	Emplear herramientas de anotación automática para dimensionar, etiquetar y listar componentes automáticamente.	Ahorra tiempo y reduce posibles errores humanos en la anotación manual.
Backup y guardado automático	Configurar AutoCAD para que guarde automáticamente y mantener copias de seguridad regulares de los archivos de trabajo.	Previene la pérdida de datos y permite recuperación en caso de fallos inesperados.
Colaboración en tiempo real	Usar herramientas integradas en AutoCAD para colaboración en tiempo real, permitiendo que múltiples usuarios trabajen en el mismo diseño simultáneamente.	Mejora la coordinación del equipo y acelera el proceso de diseño.

A continuación, se expone un ejemplo práctico del uso de bloques en AutoCAD para componentes estandarizados.

En una planta de tratamiento de agua, hay múltiples componentes que se repiten en diferentes partes del diseño, como válvulas, bombas y sensores. En lugar de dibujar manualmente cada componente cada vez que se necesita, la empresa utiliza la función de bloques de AutoCAD.

El equipo de diseño creó bloques para cada componente estandarizado. Por ejemplo, diseñaron una válvula de compuerta y la guardaron como un bloque llamado "VálvulaCompuerta_Standard". Ahora, cada vez que necesitan añadir esta válvula en el diseño, simplemente insertan el bloque en la ubicación deseada.

Esto no solo ahorra tiempo en el proceso de diseño, sino que también asegura que cada válvula tenga las mismas especificaciones y apariencia, garantizando así la consistencia y reduciendo la posibilidad de errores. Además, si en el futuro deciden actualizar el diseño de la válvula, solo necesitarían actualizar el bloque, y automáticamente se reflejaría en todos los lugares donde se ha utilizado.

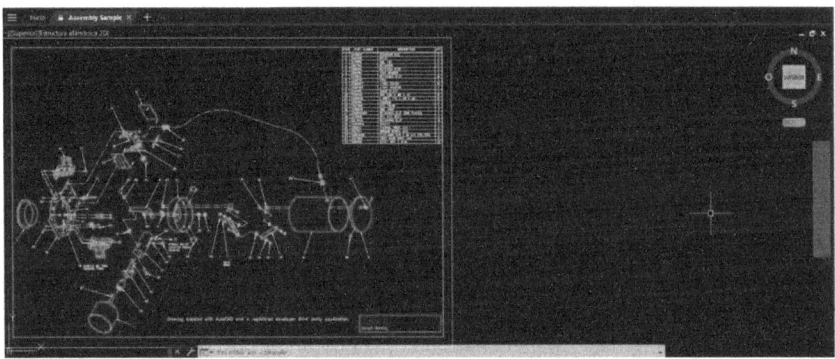

La adopción de mejores prácticas en AutoCAD garantiza precisión, coherencia y eficiencia en los proyectos. Utilizando herramientas como plantillas, capas estandarizadas y bloques, los equipos pueden minimizar errores y colaborar de manera más efectiva. Las funciones como el guardado automático y la verificación regular aseguran la integridad y calidad del diseño.

En esencia, estas prácticas establecen un estándar de excelencia, optimizando el proceso de diseño y la colaboración del equipo.

Resumen

AutoCAD, a lo largo de los años, ha incorporado funciones que benefician específicamente a la ingeniería de procesos. Esencial para los profesionales del diseño, ofrece herramientas que facilitan la visualización y el mapeo de flujos de trabajo, esenciales para entender el flujo de información y optimización de operaciones.

Un flujo de trabajo, también conocido como "*workflow*", es una secuencia organizada de tareas que detalla quién debe hacer qué y en qué orden. En el contexto de AutoCAD, el mapeo puede referirse a la texturización de objetos 3D, la creación de mapas geoespaciales o la vinculación de datos. Las herramientas clave para el mapeo incluyen el mapeo de materiales, que es fundamental para la renderización de modelos 3D; el mapeo geoespacial, que permite la representación de datos geográficos; y la vinculación de datos, que posibilita la asociación de información externa con objetos en AutoCAD.

La combinación de ingeniería de procesos con Diseño Asistido por Ordenador (DAO) a través de AutoCAD facilita la visualización detallada de los procesos. Al representar gráficamente los procesos actuales, se pueden identificar cuellos de botella, redundancias o ineficiencias. Las herramientas de simulación en AutoCAD son útiles para visualizar el flujo de materiales o información, y la integración con otras herramientas o sistemas proporciona *insights* adicionales. Además, el análisis de datos, como tiempos de ciclo o tasas de defectos, ayuda a detectar áreas de mejora.

AutoCAD, aunque no es predominantemente analítico, proporciona herramientas para revisar y analizar diseños. Herramientas como DWG *TrueView* y la aplicación móvil de AutoCAD facilitan la visualización y revisión de archivos. También existen comandos específicos para medición, inspección, análisis visual, detección de interferencias y anotación. Es vital en ingeniería y diseño comunicar medidas y escalas con claridad, y las herramientas de dimensionado en AutoCAD son esenciales para este propósito.

La gestión de capas es un componente fundamental de AutoCAD, y herramientas como *LAYER* permiten un control detallado sobre las capas en un diseño. En cuanto a la colaboración, AutoCAD ofrece herramientas como *ONLINESHARE* que facilita compartir diseños con otros usuarios a través de un enlace web, sin necesidad de que tengan AutoCAD instalado.

Utilizar plantillas predefinidas asegura una base consistente y acelera la iniciación de proyectos. Además, organizar componentes mediante capas estandarizadas con nomenclaturas claras facilita la colaboración y navegación dentro de los diseños.

Implementar bloques para elementos comunes y XREF para dibujos externos aumenta la eficiencia y mantiene la actualización constante. Es fundamental realizar revisiones periódicas utilizando herramientas de comprobación en AutoCAD para mantener la calidad del diseño.

El uso de anotaciones automáticas reduce errores y ahorra tiempo en dimensionamiento y etiquetado. Además, configurar *backups* y guardados automáticos protege contra pérdidas de datos. Para una coordinación eficaz, se recomienda emplear herramientas de colaboración en tiempo real en AutoCAD, permitiendo a múltiples usuarios trabajar simultáneamente en un diseño.

Glosario

Anotaciones

Textos, dimensiones, etiquetas y otros tipos de información explicativa agregada a un dibujo.

Backup

Copia de seguridad de un archivo, que se realiza para proteger el trabajo en caso de problemas técnicos o pérdida de datos.

Colaboración en tiempo real

Herramientas que permiten a múltiples usuarios trabajar en un dibujo simultáneamente.

Dimensionado

Proceso de agregar medidas a un objeto o dibujo en AutoCAD.

Guardado automático

Función que guarda automáticamente el trabajo a intervalos regulares.

Herramientas de comprobación

Utilidades integradas en AutoCAD para identificar y corregir errores en un diseño.

Plantillas

Archivos predefinidos que sirven como punto de partida para nuevos dibujos, conteniendo configuraciones preestablecidas.

Verificación

Proceso de revisar y analizar un dibujo en busca de errores o inconsistencias.

Ejercicios de autoevaluación

1. ¿Cuál es una de las principales ventajas de usar plantillas en AutoCAD?

a. Facilita la navegación dentro de los diseños.

b. Asegura una base consistente y acelera la iniciación de proyectos.

c. Permite múltiples usuarios trabajar simultáneamente en un diseño.

2. ¿Qué herramienta de AutoCAD ayuda a mantener la actualización constante de dibujos externos?

a. Bloques.

b. Anotaciones automáticas.

c. XREF.

3. ¿Con qué propósito principal se deben organizar componentes mediante capas estandarizadas en AutoCAD?

a. Facilita la colaboración y navegación dentro de los diseños.

b. Reduce errores humanos en la anotación manual.

c. Mejora la precisión del diseño.

4. ¿Qué beneficio aporta la realización de revisiones periódicas en AutoCAD?

a. Mantiene la calidad del diseño.

b. Acelera la iniciación de proyectos.

c. Permite que múltiples usuarios trabajen en el mismo diseño simultáneamente.

5. ¿Qué herramienta en AutoCAD reduce errores y ahorra tiempo en el etiquetado?

    a. Bloques.

    b. Anotaciones automáticas.

    c. XREF.

6. ¿Qué función tiene configurar *backups* y guardados automáticos en AutoCAD?

    a. Aumenta la eficiencia.

    b. Protege contra pérdidas de datos.

    c. Facilita la colaboración entre equipos.

7. ¿Qué herramienta permite a múltiples usuarios trabajar simultáneamente en un diseño en AutoCAD?

    a. Bloques.

    b. XREF.

    c. Colaboración en tiempo real.

8. ¿Con qué fin se utilizan los bloques en AutoCAD?

    a. Para representar elementos comunes.

    b. Para dimensionar automáticamente.

    c. Para colaboración en tiempo real.

9. ¿Cuál es el propósito de las herramientas de comprobación en AutoCAD?

    a. Facilitar la navegación dentro de los diseños.

    b. Aumentar la eficiencia en la creación de proyectos.

    c. Identificar errores y mantener la calidad del diseño.

10.¿Cuál es un beneficio clave de usar capas estandarizadas en AutoCAD?

a. Asegura que las referencias externas estén siempre actualizadas.

b. Facilita la organización del dibujo y mejora la colaboración entre equipos.

c. Implementa revisiones regulares del diseño.

U. A. 4. Técnicas de racionalización del diseño mecánico

Introducción

La racionalización del diseño mecánico es un enfoque sistemático que busca simplificar los procesos de diseño y producción, maximizando la eficiencia y reduciendo costos y tiempos de desarrollo. En esta era digital, el diseño asistido por ordenador (CAD) se ha convertido en una herramienta fundamental para ingenieros y diseñadores, permitiéndoles crear modelos detallados, precisos y modificables con relativa facilidad.

AutoCAD ofrece un conjunto robusto de herramientas que, si se utilizan correctamente, pueden ser de gran ayuda para racionalizar el trabajo de diseño mecánico.

Desde el uso de plantillas y bloques dinámicos hasta la automatización de tareas repetitivas y la implementación de estándares de diseño, AutoCAD puede transformar el flujo de trabajo, permitiendo a los diseñadores centrarse más en la innovación y menos en las tareas rutinarias.

En esta unidad, exploraremos las técnicas y herramientas que AutoCAD pone a nuestra disposición para simplificar y optimizar el diseño mecánico.

Objetivos

- Comprender la importancia de utilizar plantillas y la implementación de estándares en el proceso de diseño para garantizar la consistencia y calidad de los proyectos.
- Examinar el uso de bloques, los atributos dinámicos y la creación de comandos personalizados para automatizar tareas repetitivas en AutoCAD.

1. Técnicas de racionalización del diseño mecánico

La racionalización del diseño mecánico implica adoptar métodos sistemáticos para minimizar la complejidad y optimizar la eficiencia en la creación y fabricación de componentes mecánicos. Estas técnicas no solo mejoran la productividad, sino que también pueden contribuir a la mejora de la calidad del producto final.

Se fundamenta en varios principios:

- **Simplificación**: Reducir la cantidad de partes únicas y buscar formas de simplificar los componentes y ensamblajes.

- **Estandarización**: Utilizar dimensiones y componentes estándar siempre que sea posible para facilitar la producción y el mantenimiento.

- **Modularidad**: Diseñar sistemas compuestos por módulos intercambiables y reconfigurables para una mayor flexibilidad y escalabilidad.

- **Automatización**: Emplear *software* y tecnología para automatizar los aspectos repetitivos del diseño y la producción.

En AutoCAD, las técnicas de racionalización se traducen en el uso eficiente de varias herramientas y funciones que la aplicación ofrece:

- **Uso de plantillas**: Comenzar dibujos con plantillas que ya tienen configuraciones predeterminadas, como tipos de línea, estilos de texto y capas, para mantener la consistencia a través de múltiples dibujos.

- **Bloques y referencias externas**: Crear y reutilizar bloques para componentes comunes, lo que disminuye el tiempo de diseño y facilita las actualizaciones. Las referencias externas permiten la colaboración en componentes sin duplicar la información.

- **Automatización de tareas**: Las herramientas como *scripts*, *macros* y el uso de la paleta de comandos para crear secuencias de comandos personalizadas pueden automatizar operaciones repetitivas, ahorrando tiempo y reduciendo errores.

- **Gestión de datos**: Organizar y gestionar datos eficientemente con la ayuda de propiedades de objetos y tablas para manejar la información asociada al diseño.

- **Integración de análisis y simulación**: Incorporar herramientas de análisis y simulación dentro del entorno de AutoCAD para evaluar el rendimiento y la viabilidad de los diseños antes de la fabricación.

La implementación de estas técnicas en AutoCAD permite a los usuarios:

- Reducir el tiempo de desarrollo del diseño.
- Aumentar la productividad a través de la reutilización de elementos de diseño.
- Mejorar la comunicación entre los equipos de diseño y producción.

Fig. 1. La consistencia en el diseño es esencial cuando se trabaja en equipos grandes, donde múltiples personas contribuyen al mismo proyecto

- Disminuir la probabilidad de errores y la necesidad de rediseño.
- Asegurar la coherencia y calidad en diferentes proyectos.

La importancia de las plantillas y los estándares en AutoCAD, y en el diseño asistido por ordenador en general, radica en su capacidad para asegurar la consistencia, la eficiencia y la calidad en todo el proceso de diseño.

A continuación, se detallan las razones por las que estas herramientas son fundamentales.

- **Consistencia en el diseño**: Las plantillas garantizan que todos los nuevos dibujos comiencen con los mismos ajustes, lo que significa que el estilo de texto, las dimensiones, las capas y otros elementos serán consistentes de un dibujo a otro.

- **Ahorro de tiempo**: Empezar un proyecto desde cero puede ser una tarea tediosa. Las plantillas eliminan la necesidad de configurar repetidamente el entorno de dibujo, lo cual ahorra tiempo y permite a los diseñadores concentrarse en el diseño en sí.

- **Prevención de errores**: Al tener configuraciones predefinidas, se reduce la posibilidad de errores como capas incorrectas o tipos de línea inadecuados. Los errores de este tipo pueden ser costosos y consumir tiempo cuando se detectan en etapas avanzadas del proceso de diseño o producción.

Recuerda

Los estándares proporcionan un lenguaje común para los equipos de diseño y construcción, lo que facilita la comunicación y ayuda a prevenir malentendidos que podrían resultar en errores de diseño. Los diseños que se adhieren a estándares establecidos pueden ser más fácilmente compartidos y utilizados entre diferentes departamentos, consultores y subcontratistas, lo cual es esencial en proyectos colaborativos.

Examinemos cómo los bloques, atributos dinámicos y comandos personalizados pueden usarse en AutoCAD para automatizar tareas y aumentar la productividad:

A. Uso de bloques y atributos dinámicos en bloques

Los bloques son conjuntos de objetos agrupados para actuar como un solo objeto 2D o 3D. Son esenciales para automatizar el diseño ya que:

- Permiten insertar conjuntos de objetos que se utilizan con frecuencia (como pernos, tornillos, ventanas, puertas) rápidamente en un dibujo sin tener que recrearlos cada vez.

- Aseguran que los componentes comunes se utilicen de manera consistente en todos los dibujos y proyectos.

- Si se necesita modificar un componente, solo se edita el bloque una vez, y todas las instancias del bloque en el proyecto se actualizarán automáticamente.

Los atributos dinámicos llevan la funcionalidad de los bloques un paso más allá:

- Permiten que se inserten bloques con información variable, como números de parte, especificaciones o cualquier otro dato relevante.

- Al extraer estos atributos, se puede generar automáticamente listas de materiales, listados de componentes o tablas que reflejen la información contenida en los bloques.

- La ventana "Definir atributos" de AutoCAD es utilizada para crear y definir atributos que se añadirán a los bloques. Se puede acceder a ella usando el comando ATRDEF.

A continuación, se explican las principales características y cómo utilizarlas.

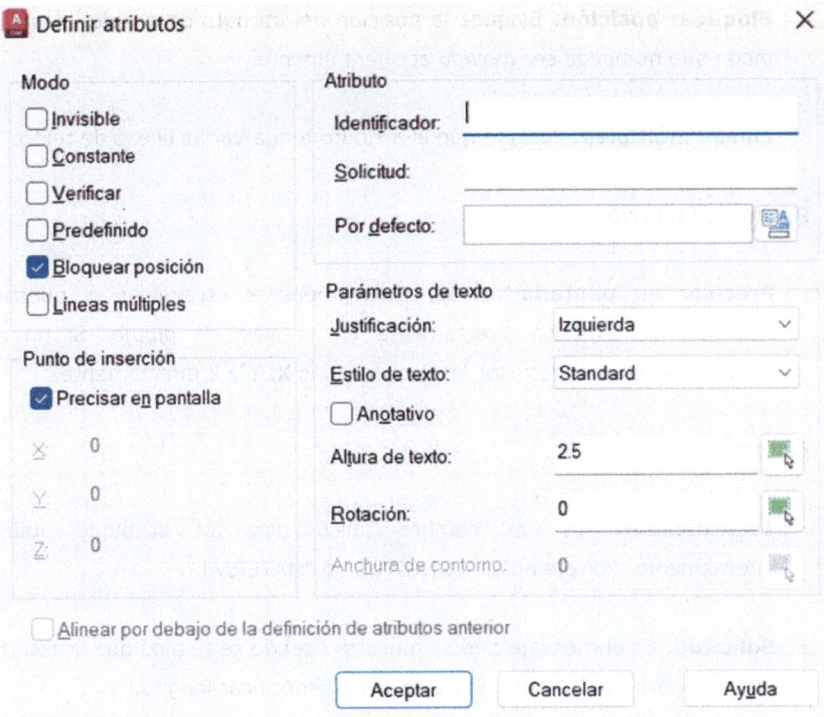

- **Modo**

  o **Invisible**: Si se selecciona, el atributo no será visible en el dibujo, pero aún podrá ser editado y accesible.

  o **Constante**: Si se activa, el valor del atributo no podrá ser modificado cuando se inserte el bloque.

  o **Verificar**: Solicita al usuario que verifique el valor del atributo cuando se inserta o se modifica el bloque.

  o **Predefinido**: El atributo tiene un valor por defecto que se muestra cuando se inserta el bloque.

- o **Bloquear posición**: Bloquea la posición del atributo dentro del bloque, de modo que no pueda ser movido accidentalmente.

- o **Líneas múltiples**: Permite que el atributo tenga varias líneas de texto.

- **Punto de inserción**

- o **Precisar en pantalla**: Si se activa, deberás especificar el punto de inserción del atributo directamente en el área de dibujo. Si no está activado, puedes especificar las coordenadas X, Y y Z directamente.

- **Atributo**:

- o **Identificador**: Es un nombre único para el atributo, utilizado internamente. Por ejemplo: "LONGITUD" o "MATERIAL".

- o **Solicitud**: Es el mensaje que se muestra cuando se te pide que introduzcas un valor para ese atributo. Por ejemplo: "Especificar longitud".

- o **Por defecto**: Es el valor por defecto que se mostrará cuando se inserte el bloque.

- **Parámetros de texto:**

- o **Justificación**: Define cómo se justifica el texto del atributo.

- o **Estilo de texto**: Puedes seleccionar un estilo de texto predefinido o uno que hayas creado.

- o **Anotativo**: Si está activado, el tamaño del texto del atributo cambiará según la escala del espacio en el que se encuentre.

- o **Altura de texto**: Define la altura del texto del atributo.

- o **Rotación**: Establece un ángulo de rotación para el texto del atributo.

- o **Anchura de contorno**: Establece un valor para la anchura del contorno del texto.

Una vez que hayas configurado todos los parámetros deseados, puedes hacer clic en "Aceptar" para definir el atributo. A continuación, se te pedirá que especifiques una posición para el atributo en el área de dibujo.

Imagina que quieres agregar un escritorio a múltiples planos de una oficina y necesitas especificar la longitud y el material del escritorio para cada caso. Los pasos en AutoCAD serían los siguientes:

1. **Diseñar el escritorio**: Dibuja la forma básica del escritorio con las herramientas de dibujo y de modelado:

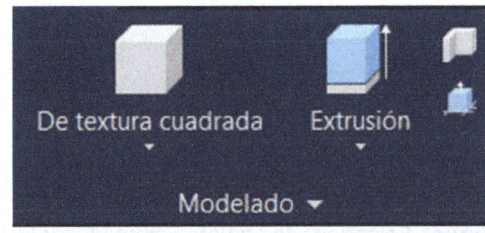

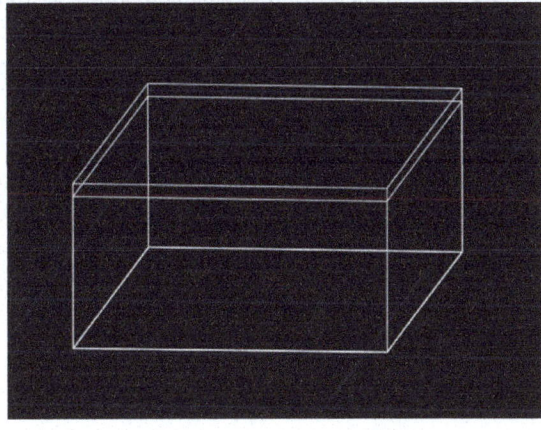

2. **Definir atributos**: Usa el comando ATRDEF para crear el atributo Longitud:

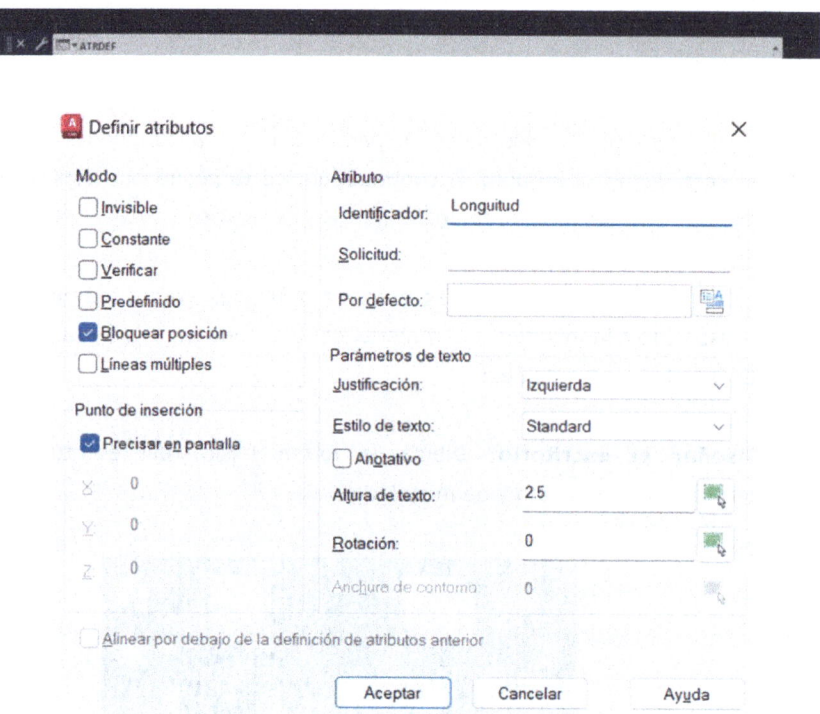

3. **Crear el bloque**: Selecciona los objetos dibujados y los atributos, y luego usa el comando BLOQUE para crear un bloque llamado "Escritorio":

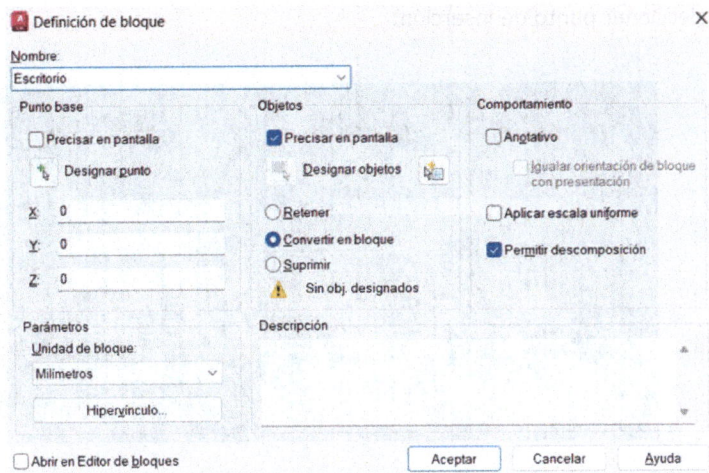

4. **Insertar el bloque**: Coloca el bloque en tu plano con el comando INSERT:

Clic en "Escritorio":

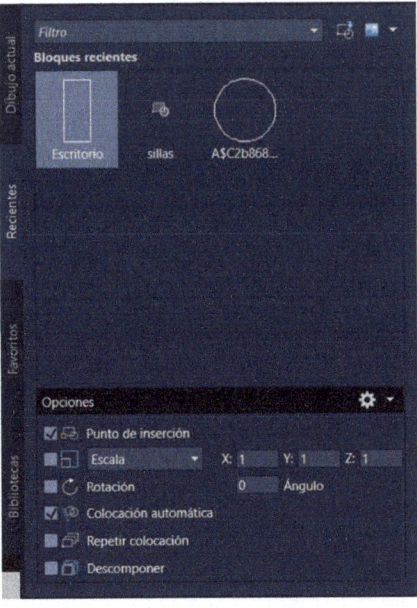

Seleccionar punto de inserción:

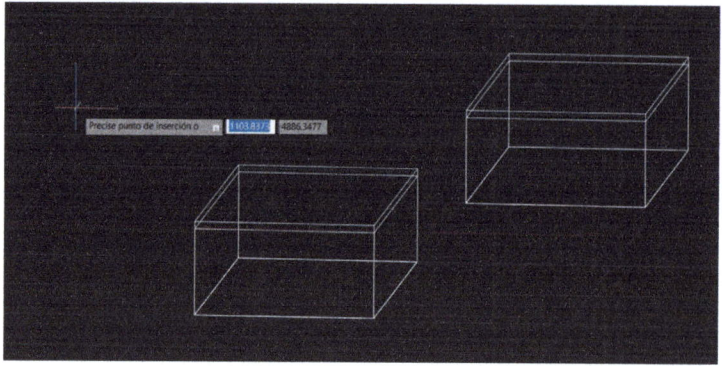

Introduce la longitud (por ejemplo, "1.5m"):

5. **Edición fácil**: Si necesitas cambiar los atributos, simplemente selecciona el bloque en tu dibujo y edita los valores en la paleta de propiedades.

B. Creación de comandos personalizados

La creación de comandos personalizados tiene las siguientes características:

- **Eficiencia**: Permiten a los usuarios ejecutar una serie de comandos complejos con un solo clic o comando de teclado.

- **Personalización del flujo de trabajo**: Cada usuario o empresa puede crear comandos que se adapten específicamente a sus necesidades y flujos de trabajo.

- **Reducción de errores**: Automatizar tareas mediante comandos personalizados puede reducir significativamente la posibilidad de errores humanos en tareas repetitivas o complejas.

La creación de comandos personalizados en AutoCAD es una forma de automatizar procesos repetitivos y mejorar la eficiencia en el flujo de trabajo de diseño.

A continuación, se explican los pasos generales para crear estos comandos pueden variar según la complejidad de la tarea que se quiere automatizar.

1. **Abrir el editor CUIRAPID**: Teclea CUIRAPID en la línea de comandos y presiona *Enter*. Esto abrirá el editor de interfaz de usuario personalizada.

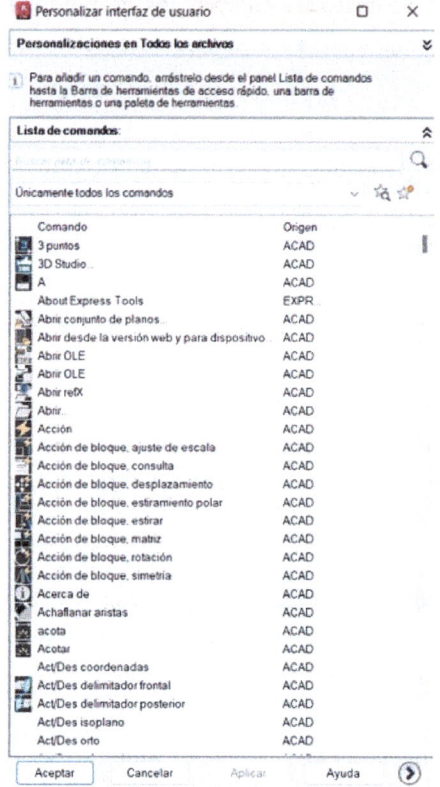

Despliega el menú completo:

2. **Localizar la sección "Lista de comandos"**: Esta sección lista todos los comandos disponibles en tu AutoCAD.

3. **Crear un nuevo comando**: Haz clic en la estrella de la derecha para crear un nuevo comando:

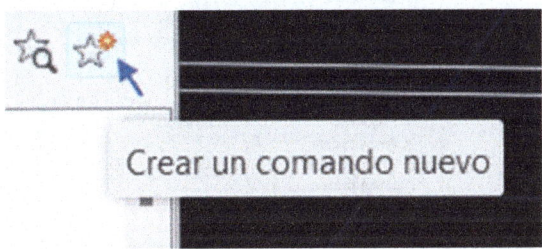

<u>Editar las propiedades del comando</u>

En el panel derecho, podrás editar las propiedades del nuevo comando:

- **Nombre**: Pon un nombre para tu comando.

- **Descripción**: Proporciona una breve descripción.

- **Etiquetas**: Este es el texto que aparecerá en los menús.

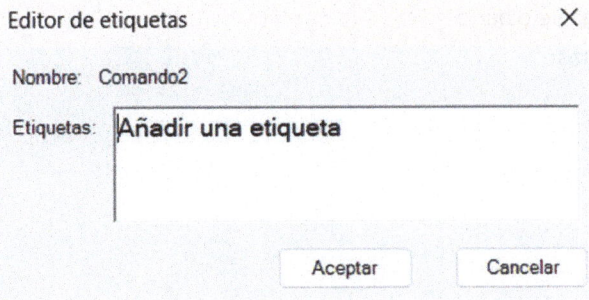

- **Macro**: Aquí es donde defines la acción que el comando realizará. Por ejemplo, si quieres que tu comando dibuje un círculo de radio 10, la macro sería "^C^C_CIRCLE;0,0;10". El ^C^C al principio es para cancelar cualquier comando que estuviera activo previamente.

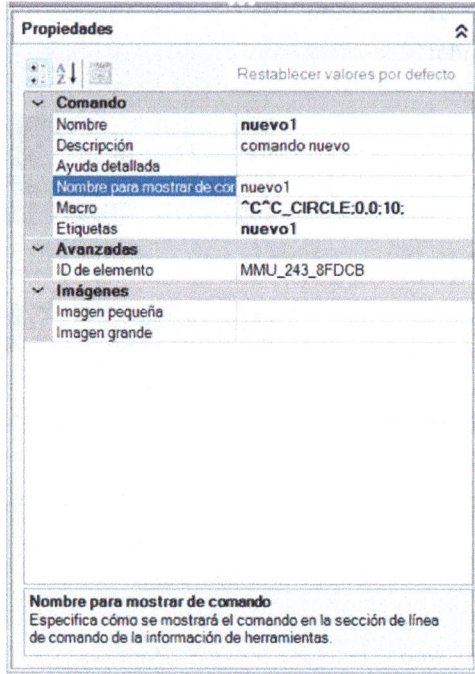

Asignar el comando a un elemento de la interfaz

Si quieres que tu comando personalizado esté disponible en una cinta de opciones, menú desplegable o barra

de herramientas:

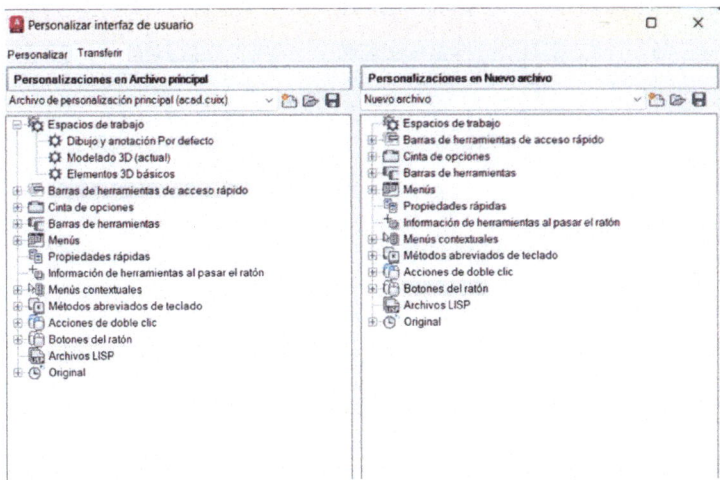

Cerrar y guardar

Una vez que hayas configurado tu comando y lo hayas colocado en su ubicación deseada en la interfaz, haz clic en "Aceptar" para cerrar el Editor y guardar tus cambios.

Resumen

En el ámbito del diseño asistido por ordenador con AutoCAD, la racionalización del diseño mecánico es un enfoque clave para incrementar la eficiencia y la coherencia en la producción de componentes mecánicos. La simplificación busca reducir la cantidad de piezas distintas y facilitar los ensamblajes, mientras que la estandarización implica el uso de componentes y dimensiones normalizados para simplificar la fabricación y el mantenimiento. La modularidad apunta a la creación de sistemas compuestos por módulos fácilmente intercambiables, lo que aumenta la flexibilidad y escalabilidad del diseño.

AutoCAD apoya estos principios mediante herramientas que permiten un uso más eficiente del tiempo y recursos. Las plantillas en AutoCAD ayudan a iniciar los proyectos con configuraciones predefinidas que aseguran la uniformidad a través de todos los dibujos. Los bloques y referencias externas (*XRefs*) facilitan la reutilización de elementos comunes y la colaboración entre equipos sin la necesidad de duplicar información. La automatización mediante scripts, macros y comandos personalizados reduce el tiempo dedicado a tareas repetitivas y minimiza los errores humanos. Además, la gestión organizada de datos a través de las propiedades de los objetos y el uso de tablas proporciona un manejo eficaz de la información del diseño.

Implementar estas técnicas permite a los diseñadores reducir el tiempo de desarrollo, mejorar la comunicación entre equipos y disminuir errores, lo que resulta en una mayor productividad y consistencia a lo largo de los diferentes proyectos.

Glosario

Análisis y simulación: Herramientas dentro de AutoCAD que permiten evaluar el rendimiento y la viabilidad de los diseños antes de la fabricación.

Atributos dinámicos: Características especiales en bloques de AutoCAD que permiten la inserción de información variable y la automatización de documentación.

Automatización del diseño: Uso de *software* para crear diseños de manera automática, minimizando la intervención manual y optimizando los procesos de producción.

Bloques (*Blocks*): Conjuntos de objetos agrupados en AutoCAD que actúan como una sola entidad, facilitando la inserción y actualización de elementos comunes en varios dibujos.

Capas (*Layers*): Una característica de AutoCAD que permite organizar objetos en categorías separadas, cada una con sus propios atributos y propiedades.

Comandos personalizados: Secuencias de acciones en AutoCAD creadas por el usuario para automatizar tareas y mejorar la eficiencia.

Estandarización: Uso de medidas y piezas normalizadas para facilitar la producción, el mantenimiento y la comunicación en el diseño mecánico.

Gestión de datos: Organización y manejo eficiente de la información asociada al diseño dentro de AutoCAD.

Interfaz de usuario de AutoCAD: El entorno de trabajo donde los diseñadores interactúan con el *software* AutoCAD.

Modularidad: Diseño de sistemas compuestos por módulos intercambiables, lo que proporciona flexibilidad y escalabilidad.

Optimización de diseño: Proceso de ajustar los parámetros de un diseño para alcanzar los mejores resultados posibles según criterios predefinidos.

Plantillas (*Templates*): Archivos preconfigurados en AutoCAD que contienen ajustes predeterminados para nuevos dibujos, asegurando consistencia y eficiencia.

Racionalización del diseño: Proceso de simplificación de los diseños para maximizar la eficiencia y la efectividad en la producción y la construcción.

Scripts* y *macros: Secuencias de comandos o acciones que se automatizan en AutoCAD para realizar tareas repetitivas rápidamente.

Tipo de línea y estilos de texto: Configuraciones en AutoCAD que definen la apariencia de líneas y textos en los dibujos.

Ejercicios de autoevaluación

1. ¿Qué objetivo principal persigue la racionalización del diseño mecánico en AutoCAD?

a. Aumentar la cantidad de componentes en un diseño.

b. Minimizar la complejidad y optimizar la eficiencia en el diseño.

c. Complicar el proceso de diseño para mejorar la seguridad.

2. ¿Qué se busca reducir mediante la simplificación en la racionalización del diseño mecánico?

a. La eficiencia de los diseños.

b. La colaboración entre equipos.

c. La cantidad de partes únicas en los componentes y ensamblajes.

3. ¿Cuál es el propósito de usar dimensiones y componentes estándar en AutoCAD?

a. Para incrementar la personalización de cada proyecto.

b. Para facilitar la producción y el mantenimiento.

c. Para aumentar el tiempo de diseño.

4. ¿Qué beneficio aporta la modularidad en el diseño mecánico?

a. Aumentar el coste de producción.

b. Disminuir la calidad del diseño.

c. Proporcionar mayor flexibilidad y escalabilidad.

5. ¿Qué función tienen las plantillas en AutoCAD?

    a. Cambiar los colores de los dibujos automáticamente.

    b. Mantener la consistencia a través de múltiples dibujos.

    c. Aumentar el tiempo necesario para configurar un dibujo.

6. ¿Qué permiten hacer los bloques en AutoCAD?

    a. Duplicar la información en diferentes proyectos.

    b. Disminuir el tiempo de diseño reutilizando componentes comunes.

    c. Aumentar los errores en el diseño.

7. ¿Para qué se utilizan principalmente los *scripts* y *macros* en AutoCAD?

    a. Para compartir diseños en redes sociales.

    b. Para automatizar operaciones repetitivas.

    c. Para crear diseños más artísticos.

8. ¿Qué permite la gestión de datos a través de propiedades de objetos y tablas en AutoCAD?

    a. Reducir la flexibilidad del diseño.

    b. Organizar y gestionar datos eficientemente.

    c. Aumentar la complejidad del diseño.

9. ¿Cuál es una ventaja clave de la implementación de las técnicas de racionalización en AutoCAD?

    a. Incrementar la necesidad de rediseño.

    b. Reducir la colaboración entre equipos de diseño y producción.

    c. Asegurar la coherencia y calidad en diferentes proyectos.

10.¿Qué se consigue con la utilización de atributos dinámicos en los bloques de AutoCAD?

a. Dificultar la personalización de los bloques.

b. Permitir la inserción de bloques con información variable.

c. Limitar la reutilización de los bloques en diferentes dibujos.

U. A. 5. Modelado de piezas en 2D

Introducción

El diseño asistido por ordenador (CAD) ha revolucionado la manera en que ingenieros, arquitectos y diseñadores crean y comunican sus ideas. AutoCAD, uno de los programas de CAD más utilizados en el mundo, permite la creación precisa de dibujos en 2D y modelos en 3D, sentando las bases para una manufactura y construcción eficiente y sin errores.

En esta unidad, nos enfocaremos en el modelado de piezas en 2D, explorando desde el trazado básico de planos hasta la aplicación de técnicas avanzadas de mecanizado. Aprenderemos cómo AutoCAD facilita la transición desde el concepto hasta la fabricación, asegurando que las ideas se ejecuten con precisión en el mundo real.

Objetivos

- Dominar el trazado de planos en 2D manteniendo estándares de precisión e interpretación técnica que faciliten la producción o la construcción.
- Aprender a aplicar estrategias de mecanizado específicas para piezas en 2D, utilizar ciclos fijos de controles numéricos y simular trayectorias de herramientas para verificar su correcta ejecución.

1. Trazados de planos

El trazado de planos es uno de los aspectos fundamentales en el diseño asistido por ordenador (CAD). Este proceso implica la creación y representación gráfica de un objeto o estructura en un formato bidimensional.

A continuación, se detalla el proceso y las herramientas principales utilizadas en AutoCAD para el trazado de planos:

1. **Preparación**

   Para la configuración del espacio de trabajo:

   - Seleccionar el espacio de trabajo adecuado para diseño en 2D.
   - Configurar unidades y límites del área de trabajo según las necesidades del proyecto.

   En AutoCAD, es esencial definir las unidades de medida utilizando el comando "UNIDADES". También puedes seleccionar un formato de papel a través de la opción "MODELO".

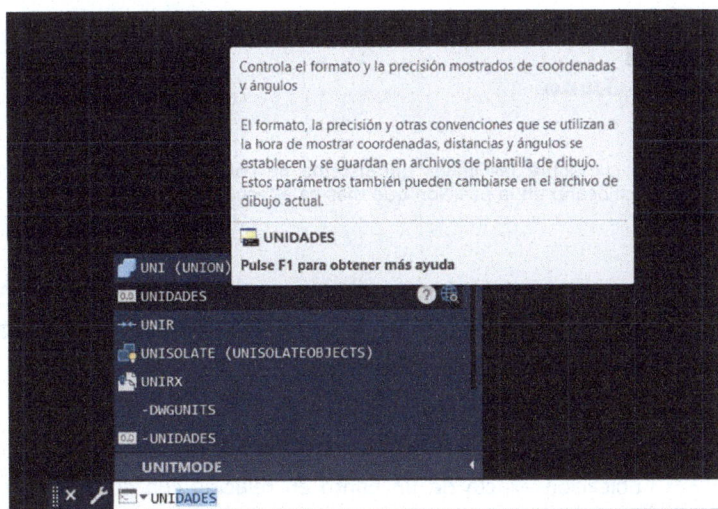

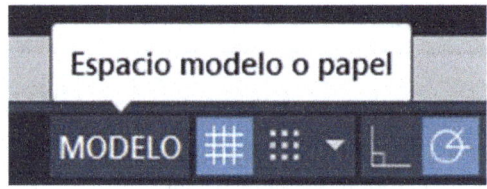

AutoCAD opera con un sistema de coordenadas cartesianas (X, Y) que permite ubicar puntos en el espacio de trabajo. Es esencial comprender las coordenadas absolutas, relativas y polares para un trazado preciso.

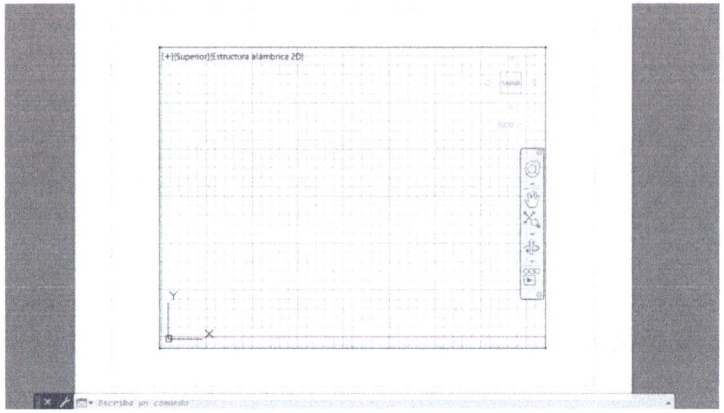

Haciendo clic sobre las líneas del sistema de coordenadas puedes desplazarlo por el dibujo y colocarlo en la posición que más se adecue a tus objetivos.

En los programas de diseño asistido por ordenador (CAD) como AutoCAD, las coordenadas absolutas, relativas y polares son cruciales para ubicar puntos de manera precisa en el espacio de trabajo:

- **Coordenadas absolutas**: Las coordenadas absolutas se refieren a la ubicación exacta de un punto en relación con el origen del sistema de coordenadas del dibujo (0,0). En un sistema de coordenadas 2D, proporcionas una coordenada X seguida de una Y (por ejemplo, X,Y), que define un punto único en el espacio de trabajo. En un sistema 3D, agregarías una coordenada Z (X,Y,Z).

- **Coordenadas relativas**: Las coordenadas relativas se basan en la última posición conocida en lugar del origen del sistema de coordenadas. Se introducen utilizando el prefijo "@" seguido por un desplazamiento del último punto. Por ejemplo, si el último punto estaba en (2,3) y quieres moverte 4 unidades a la derecha y 3 unidades hacia arriba, usarías @4,3.

- **Coordenadas polares**: Las coordenadas polares se utilizan para ubicar un punto a una distancia específica y en un ángulo desde un punto de origen o el último punto de referencia. En lugar de definir puntos en términos de X y Y, defines la ubicación en términos de un ángulo y una longitud de línea. Por ejemplo, "@50<30" movería el punto 50 unidades de distancia en un ángulo de 30 grados desde el punto de referencia actual o el último punto.

AutoCAD ofrece plantillas (extensiones .DWT) para diferentes tipos de proyectos. Puedes utilizar estas plantillas para empezar tu dibujo con ciertas configuraciones predefinidas.

2. **Herramientas básicas de dibujo**:

- **Líneas y polilíneas**: Herramientas básicas para trazar contornos y detalles.
- **Círculos y arcos**: Sirven para crear formas circulares y segmentos curvos.

3. **Diseño de precisión**

- Uso de puntos de referencia para alinear y situar objetos con precisión.
- Objetos auxiliares como líneas de construcción o rayos pueden ayudar en el trazado.
- Las restricciones geométricas aseguran relaciones específicas entre objetos, como paralelismo o perpendicularidad.

4. **Modificación de entidades**

Para las herramientas de modificación se utilizan comandos como "DESPLAZA", "ESCALA", "SIMETRÍA", "ESTIRA", "GIRA" y "COPIA" son esenciales para ajustar y modificar entidades en el dibujo.

5. **Uso de capas**

Organiza tu diseño usando capas (CAPAS). Esta función te permite separar y organizar distintos elementos del plano, como estructuras, eléctricos, plomería, entre otros.

6. **Bloques y referencias**

Para elementos que se repiten en el plano (como ventanas, puertas o mobiliario), se pueden crear bloques. Estos bloques actúan como una única entidad, lo que simplifica su manipulación y te permiten agrupar entidades para ser utilizadas repetidamente. Por otro lado, las XREFs son útiles para incluir dibujos externos en tu proyecto principal sin añadir peso al archivo.

7. **Anotaciones y cotas**

Las anotaciones proporcionan información adicional sobre el diseño, como materiales, instrucciones o referencias. Las cotas indican dimensiones, distancias y tamaños. Es crucial que sean precisas para garantizar la correcta interpretación y construcción del diseño. Usa el comando "TEXTOM" para agregar anotaciones.

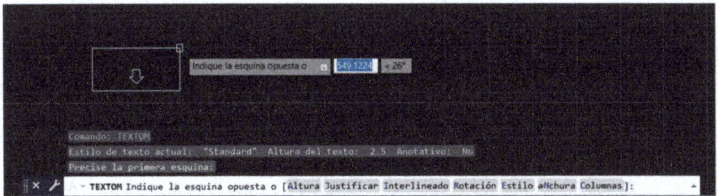

Las cotas son vitales para indicar dimensiones y se pueden personalizar según las necesidades del proyecto.

8. **Revisión y corrección**

Antes de finalizar el plano, es vital revisar el diseño en busca de errores o inconsistencias. Las herramientas de revisión y corrección de muchos programas CAD facilitan este proceso. AutoCAD tiene herramientas como "REVISAR" que te ayudan a identificar y corregir errores en el dibujo:

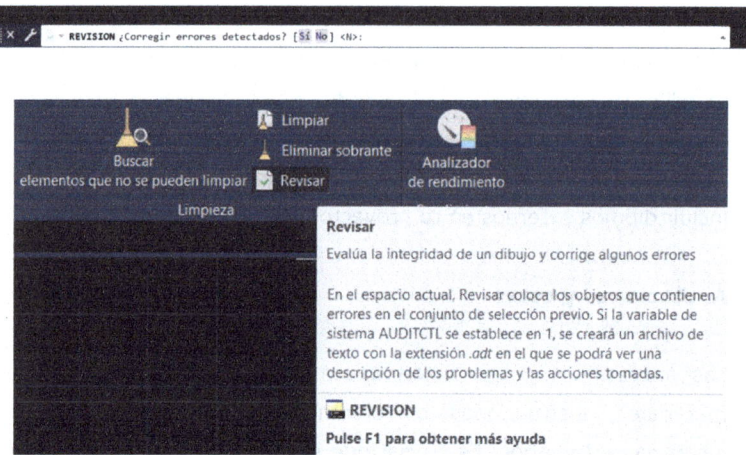

9. **Presentación y exportación**

Una vez completado el diseño, se puede ajustar la visualización para presentaciones, imprimirlo o exportarlo en diferentes formatos según las necesidades del proyecto. Puedes utilizar "*Layouts*" para configurar vistas específicas para presentación o impresión. Para exportar tu trabajo, AutoCAD ofrece múltiples formatos, como DWG, DXF, PDF, entre otros.

2. Estrategia de mecanizado en 2D

AutoCAD es un *software* de diseño ampliamente utilizado que permite crear dibujos precisos, pero no gestiona directamente el mecanizado; para ello, se usan programas especializados de CAM (*Computer-Aided Manufacturing*). Estos programas a menudo pueden integrarse con AutoCAD u ofrecen funcionalidades similares.

Para realizar la planificación del mecanizado en un entorno CAD/CAM, seguirías estos pasos generales, que luego deberían adaptarse a la interfaz y las herramientas del *software* específico que estás utilizando.

A continuación, se expone el proceso.

1. **Preparación del diseño en AutoCAD**

   Para crear un dibujo preciso:

   - Creación de un dibujo 2D exacto de la pieza que se va a mecanizar, asegurándose de que todas las dimensiones y tolerancias están correctamente definidas.

   - Empleo de capas para diferenciar entre contornos de corte, dimensiones, notas y otros detalles importantes.

   Para la simplificación del diseño:

   - Reducción de la complejidad del diseño, si es posible, para facilitar el mecanizado.
   - Eliminación de elementos innecesarios que no afectan al proceso de mecanizado.

   Para la normalización de elementos:

   - Utilización de líneas, arcos y círculos estándar para representar la geometría que será mecanizada.
   - Es recomendable evitar el uso de *splines* o polilíneas complejas cuando sea posible.

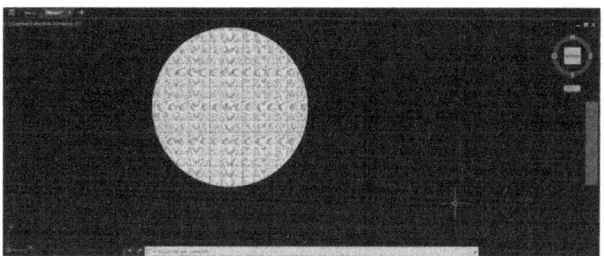

2. **Planificación del mecanizado**

Para la secuencia de operaciones se deben seguir los siguientes pasos:

- Planificación del orden de las operaciones de mecanizado, teniendo en cuenta la optimización de trayectorias para reducir el tiempo de mecanizado.
- Definir las áreas de desbaste y acabado, asegurándose de que la secuencia de operaciones prevenga la deformación de la pieza o posibles colisiones.

Para las estrategias de corte:

- Decidir si se van a necesitar operaciones de contorneado, ranurado, taladrado, etc.
- Considerar el uso de ciclos de mecanizado como taladrado en *peck*, ciclos de roscado y ranurado si están disponibles en la máquina.

Para los parámetros de corte se deben establecer los parámetros de corte, como velocidad de avance, velocidad de corte, profundidad de pasada, etc., en base al material de la pieza y las herramientas seleccionadas.

Un programa ampliamente conocido que puede integrarse con AutoCAD es Autodesk Inventor.

A continuación, se exponen sus características principales:

- **Compatibilidad directa**: *Inventor* puede abrir directamente archivos de AutoCAD (DWG y DXF) y trabajar con ellos en un entorno 3D.

- **Uso de dibujos 2D para modelado 3D**: Puedes importar un dibujo 2D de AutoCAD a Inventor y usar esos perfiles para crear modelos 3D. Los perfiles 2D de AutoCAD se pueden utilizar como esbozos o bocetos iniciales sobre los cuales construir el modelo 3D en *Inventor*.

- **Referencias cruzadas**: Los cambios realizados en los dibujos de AutoCAD pueden actualizarse en los modelos de *Inventor* que los utilizan como referencia, manteniendo una relación dinámica entre ambos programas.

- **Flujo de trabajo de diseño**: Los ingenieros pueden iniciar un diseño en AutoCAD y luego transferirlo a Inventor para el modelado 3D avanzado, análisis y preparación para fabricación.

- **Capacidades de CAM**: Aunque *Inventor* no es un *software* CAM dedicado, tiene módulos de CAM que permiten la planificación de rutas de herramientas y la creación de programas CNC para mecanizado.

- **Integración con otros módulos de *Autodesk***: *Inventor* se integra bien con otros productos de *Autodesk*, como AutoCAD *Electrical* para diseño de sistemas eléctricos, y con *Autodesk Vault* para la gestión de datos del producto.

- **Simulación y análisis**: Inventor ofrece simulación de elementos finitos y análisis de movimiento, lo que permite validar la funcionalidad y rendimiento de las partes y ensamblajes diseñados.

- **Preparación para fabricación**: Puedes preparar la documentación técnica y planos de fabricación directamente desde los modelos 3D en

Inventor, asegurando que la información geométrica sea consistente con el diseño original de AutoCAD.

Esta integración es particularmente útil en entornos donde la planificación del diseño y fabricación debe ser fluida y coordinada, asegurando que las transiciones entre las etapas de diseño y manufactura sean lo más eficientes posibles.

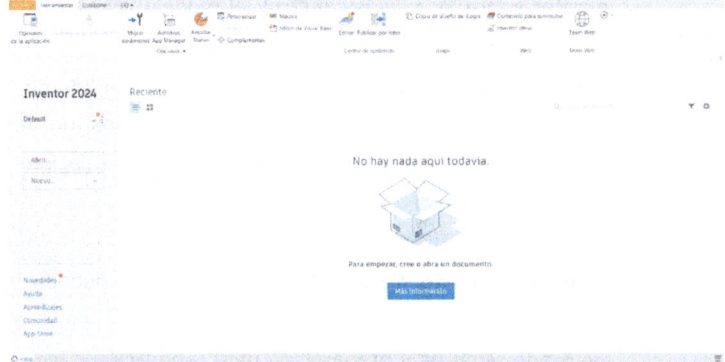

Fig. 1. Inventor es una herramienta de modelado mecánico en 3D que incluye capacidades de CAD y CAM, permitiendo a los usuarios diseñar, visualizar y simular sus productos

3. **Exportación para CAM**

A continuación, se explica cómo realizar una conversión de formatos:

- Exportar el diseño desde AutoCAD a un formato compatible con un *software* CAM (como DXF o DWG).

- Asegurarse de que el diseño exportado conserva todas las entidades geométricas y las anotaciones necesarias.

4. **Preparación para el mecanizado**

Para el uso de un *software* CAM:

- Importa el diseño en un *software* CAM, donde podrás seleccionar herramientas, definir trayectorias de herramientas y generar el código G.

- Aprovecha las capacidades del *software* CAM para simular el proceso de mecanizado y verificar la estrategia de corte.

5. **Documentación y comunicación**

Para las instrucciones de mecanizado:

- Prepara un plan de mecanizado que incluya el dibujo técnico, la lista de herramientas, los parámetros de corte y las instrucciones para el operario.

- Asegúrate de que cualquier anotación o instrucción especial esté claramente comunicada.

Para la revisión y ajuste:

- Realiza una revisión final del diseño y la estrategia de mecanizado.
- Haz ajustes según sea necesario antes de proceder con el mecanizado real.

Recuerda

El uso de AutoCAD en la estrategia de mecanizado en 2D es esencial para la creación de un diseño preciso y detallado que servirá como base para la programación CNC y el proceso de fabricación subsiguiente.

3. Ciclos fijos de los controles numéricos

AutoCAD, al ser una herramienta de diseño asistido por ordenador, proporciona una base sólida para la creación de piezas y componentes que luego pueden ser procesados mediante técnicas de mecanizado. Una de las áreas clave de este proceso es la aplicación de ciclos fijos en máquinas de control numérico (CNC).

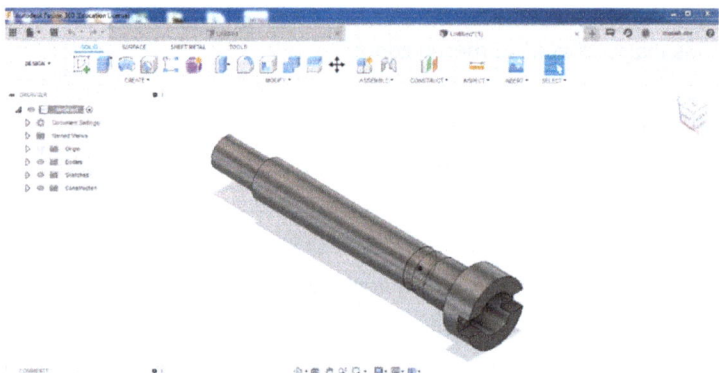

Fig. 2. Fusion 360 de Autodesk es un software integrado que combina diseño CAD, CAM y CAE (ingeniería asistida por computadora) en una sola plataforma basada en la nube

1. **Ciclos fijos en CNC: ¿Qué son?**

Los ciclos fijos son secuencias preprogramadas en máquinas CNC que facilitan operaciones repetitivas como taladrado, roscado y fresado. Estos ciclos automatizan ciertos procesos, ahorrando tiempo y evitando la necesidad de programar cada movimiento individualmente.

2. **AutoCAD y la preparación para ciclos fijos**

Aunque AutoCAD no genera directamente ciclos fijos, sirve como una herramienta fundamental para:

- Diseñar piezas precisas que luego serán procesadas en máquinas CNC.
- Determinar puntos clave en una pieza, como centros de taladrado o áreas de fresado, que guiarán la selección y aplicación de ciclos fijos.

3. **De AutoCAD al CNC**

El diseño de piezas en AutoCAD puede ser exportado en formatos compatibles con *software* CAM (*Computer Aided Manufacturing*). Estos programas convierten diseños en instrucciones ejecutables por máquinas CNC, seleccionando ciclos fijos adecuados según las necesidades del diseño.

4. **Ventajas de utilizar AutoCAD en este contexto**

- **Precisión**: AutoCAD permite diseñar con una precisión milimétrica, lo cual es esencial para mecanizado.
- **Versatilidad**: La capacidad de AutoCAD para modelar en 2D y 3D brinda flexibilidad en el tipo de piezas que se pueden diseñar y, por ende, mecanizar.
- **Integración**: La compatibilidad de AutoCAD con *software* CAM facilita la transición del diseño al mecanizado.

Es indispensable que quienes trabajen en este ámbito comprendan la relación entre el diseño CAD y las operaciones de mecanizado para maximizar la eficiencia y la precisión en la producción.

A continuación, se expone un caso práctico resuelto del diseño de una placa base con agujeros de montaje en AutoCAD. El objetivo es diseñar una placa base rectangular en 2D con cuatro agujeros equidistantes para montaje.

1. **Creación de la placa base**

- Abre AutoCAD y crea un nuevo dibujo.
- Usa la herramienta RECTANGULO para dibujar un rectángulo que represente la placa base, digamos, de 1000mm x 500mm.

2. **Marcado de puntos para agujeros**

   Usando la herramienta CIRCULO, crea un pequeño círculo en cada esquina del rectángulo, a 100mm del borde, para representar los centros de los agujeros.

   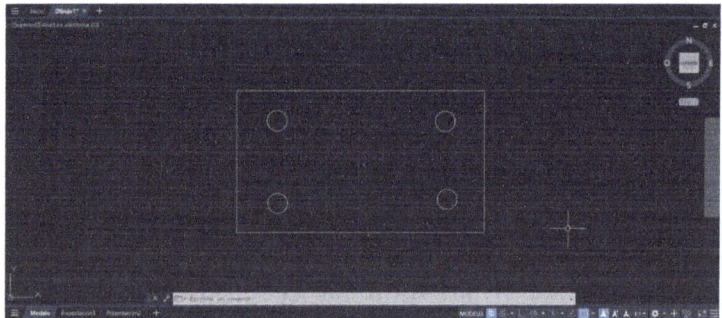

3. **Preparación para mecanizado**

   Una vez diseñada la pieza, este diseño se exportará para un *software* CAM que interpretará el diseño y generará el código G necesario para las máquinas CNC.

4. **Relación con ciclos fijos**

   - El *software* CAM identifica los centros de los círculos como puntos para el taladrado.
   - Dependiendo del material de la placa y del tamaño deseado para los agujeros, el *software* CAM seleccionará un ciclo fijo de taladrado.

Ciclo fijo de taladrado (simplificado):

   - **G81** (Código para ciclo de taladrado).
   - **X10 Y10** (Coordenadas del primer agujero).
   - **Z-5** (Profundidad del taladrado).
   - **R2** (Retractación después del taladrado).

5. **Realización en la máquina CNC**

Con el código G generado, la máquina CNC ejecuta el ciclo de taladrado en los puntos especificados en el diseño de AutoCAD.

Cada vez que el código se repite con diferentes coordenadas (X, Y), la máquina realiza otro agujero, siguiendo el ciclo fijo definido por el *software* CAM.

Este es un ejemplo simplificado, pero ilustra cómo un diseño en AutoCAD se traduce en operaciones específicas en una máquina CNC mediante ciclos fijos. Es fundamental que el diseñador comprenda la relación entre las especificaciones del diseño y las capacidades de la máquina para asegurar que la pieza sea mecanizada correctamente.

4. Simulación y verificación de las trayectorias

En el contexto del mecanizado CNC, la simulación y verificación de las trayectorias son pasos críticos en el proceso de producción. Estos pasos son fundamentales para garantizar que la pieza se fabricará correctamente sin errores costosos o daños a la máquina, a la herramienta o al material de trabajo. AutoCAD no ofrece funcionalidades de simulación de trayectorias de herramienta, este proceso se realiza típicamente con *software* CAM o programas de verificación de trayectoria especializados.

A continuación, se expone cómo llevar a cabo la simulación y verificación de las trayectorias de herramientas después de haber diseñado la pieza en AutoCAD.

1. **Simulación de trayectorias de herramienta**

    • **Transferencia a *Software* CAM**

    Una vez que tienes tu diseño en AutoCAD, deberás exportarlo (usualmente como un archivo DXF o DWG) y luego importarlo en un *software* CAM.

- **Programación de herramientas y operaciones**

  - En el *software* CAM, define las herramientas y las operaciones de mecanizado que se
  - realizarán en la pieza.
  - Asigna las operaciones de mecanizado a las geometrías correspondientes, estableciendo parámetros como profundidad de corte, velocidad de avance, velocidad de giro, y secuencia de mecanizado.
  - Generación de trayectorias de herramienta: Con las herramientas y operaciones definidas, el *software* CAM generará trayectorias de herramienta que se deben seguir para fabricar la pieza.

- **Simulación**

  - Utiliza la función de simulación en el *software* CAM para visualizar el proceso de mecanizado.
  - Observa la eliminación de material en tiempo virtual, prestando atención a posibles
  - problemas como colisiones, sobre-cortes o movimientos ineficientes.

- **Verificación de trayectorias**

  - Asegúrate de que la herramienta no realiza movimientos que podrían causar daño.
  - Verifica que todas las características de la pieza son mecanizadas según el plan y que se respetan las tolerancias.

- **Ajustes**

  - Si encuentras errores o ineficiencias durante la simulación, regresa al *software* CAM y
  - realiza los ajustes necesarios.
  - Repite la simulación hasta que el mecanizado sea correcto y eficiente.
  - Verificación de trayectorias de herramienta.

Además, puedes utilizar programas de verificación de trayectoria independientes que ofrecen una verificación más detallada y a menudo pueden detectar errores que el software CAM no puede.

Vericut de CGTech es un *software* de simulación, verificación y optimización de trayectorias de herramientas para CNC. Es líder en la industria y se utiliza para prevenir colisiones y errores al simular el mecanizado en un entorno virtual antes de la producción real.

2. **Programas de verificación independientes**

- **Análisis de código G**: Algunas herramientas de verificación pueden analizar directamente el código G para verificar que las trayectorias de las herramientas sean seguras y correctas antes de enviarlas a la máquina CNC.

- **Detección de colisiones y errores**: Estos programas de verificación son capaces de detectar colisiones entre la herramienta y la pieza, la sujeción de la pieza, y otras partes de la máquina.

- **Optimización**: La verificación también puede ofrecer recomendaciones para optimizar las trayectorias de las herramientas, como la reducción de tiempos muertos y la mejora de la eficiencia de corte.

 Importante

La simulación y verificación de las trayectorias de herramienta son esenciales para asegurar que el proceso de mecanizado se realizará sin interrupciones y producirá una pieza dentro de las especificaciones. Siempre es recomendable utilizar estas prácticas antes de comenzar con el mecanizado real para evitar errores costosos.

5. Introducción a la programación manual

La programación manual de CNC es una habilidad crítica que permite a los operadores y técnicos ejercer un control preciso sobre el mecanizado, adaptándose a los requisitos específicos de cada pieza y material. El lenguaje de programación CNC, principalmente los códigos G y M, forma el núcleo de este proceso, donde cada código tiene una función específica: los códigos G controlan la mayoría de los movimientos de la herramienta, mientras que los códigos M manejan las funciones auxiliares. La habilidad para programar manualmente implica entender cómo estas instrucciones se traducen en movimientos físicos y operaciones de la máquina CNC.

Los programadores CNC necesitan establecer el punto de origen que servirá como referencia para todos los movimientos de la herramienta. Esto se realiza generalmente seleccionando un punto en la pieza de trabajo que se haya definido claramente en el dibujo de AutoCAD. El conocimiento de la maquinaria específica y del material a mecanizar también guía la selección de herramientas y las velocidades del husillo adecuadas para el trabajo, que se especifican a través de los códigos T y S respectivamente. Los movimientos de la máquina y las operaciones de corte son luego programadas paso a paso, con el operador ingresando coordenadas y especificando el tipo de movimiento o corte a realizar, ya sea un avance rápido sin corte (G00) o un movimiento lineal de corte (G01), por mencionar algunos.

Finalmente, el programa es concluido con un código de fin, como M30 o M02, que señala el término del programa y a menudo restablece el sistema para iniciar un nuevo ciclo si es necesario.

El código G y el código M son componentes fundamentales del lenguaje de programación utilizado en la operación de máquinas herramienta controladas numéricamente, comúnmente conocidas como CNC (Control Numérico Computarizado).

- **Código G**

    - **Nombre**: Código G (también conocido como código de preparación o función geométrica).

    - **Propósito**: Controlar los movimientos de la máquina y la trayectoria de la herramienta.

    - **Función**: Dicta a la máquina cómo moverse, qué trayectorias seguir, y en qué modo operar. Por ejemplo, puede indicar a la máquina que se mueva a una posición específica a velocidad de avance (G01), que realice un desplazamiento rápido (G00), o que ejecute ciclos preprogramados para tareas como taladrar (G81) o roscar (G84).

        - **G00**: Desplazamiento rápido (sin corte).
        - **G01**: Movimiento lineal a una velocidad de avance específica.
        - **G02/G03**: Interpolación circular en sentido horario/antihorario.
        - **G28**: Retorno al punto de referencia de la máquina.

- **Código M**

    - **Nombre**: Código M (también conocido como función miscelánea o función de máquina).

    - **Propósito**: Controlar funciones adicionales de la máquina que no están directamente relacionadas con el movimiento de la herramienta.

    - **Función**: Activa diversas operaciones de la máquina, como encender o apagar el husillo, controlar el refrigerante, abrir y cerrar la puerta de la máquina, entre otros. Estas funciones son necesarias para preparar la máquina para ciertos procesos de corte o para finalizar una secuencia de operaciones.

Ejemplo

- **M03:** Encender el husillo en sentido horario.
- **M05**: Detener el husillo.
- **M08:** Encender el sistema de refrigerante.
- **M30:** Fin del programa y restablecimiento al inicio.

Los códigos G y M trabajan juntos para instruir a la máquina herramienta CNC cómo realizar un trabajo específico. Los códigos G generalmente dictan las acciones de corte y los movimientos, mientras que los códigos M manejan las funciones auxiliares que son necesarias para soportar estas operaciones de corte.

A continuación, una imagen con un ejemplo práctico muy básico de programación manual de CNC utilizando códigos G y M. Este programa realizará una operación sencilla: un desplazamiento en línea recta para realizar un corte en una pieza de trabajo.

Imagina que estamos utilizando un torno CNC y que queremos hacer un corte lineal en el eje X a una profundidad de corte en el eje Z. La pieza ya está montada en el torno y centrada correctamente.

```
X
O1001 (Programa de ejemplo)
(Inicio del programa)
G21 (Establecer unidades en milímetros)
G90 (Modo de posicionamiento absoluto)
G28 G91 Z0 (Retorno al punto de referencia de la máquina en el eje Z)
G28 G91 X0 (Retorno al punto de referencia de la máquina en el eje X)
T0101 (Seleccionar la herramienta número 1 y llamar al offset de la herramienta 1)
S1200 M03 (Establecer velocidad del husillo a 1200 RPM y rotación en sentido horario)
G54 (Seleccionar el sistema de coordenadas de trabajo 1)
M08 (Activar refrigerante)
(Inicio del corte)
G00 X0 Z1 (Moverse rápidamente a la posición de inicio del corte)
G01 Z-5 F150 (Mover en línea recta al punto de corte a una velocidad de avance de 150 mm/min)
X50 (Mover en línea recta hasta el final del corte)
G00 Z1 (Retirar la herramienta del material rápidamente)
M09 (Desactivar refrigerante)
G28 G91 Z0 (Retorno al punto de referencia de la máquina en el eje Z)
M30 (Final del programa y restablecer el sistema)
X
```

A continuación, se realiza una explicación de cada uno de los códigos del programa:

- **%**: Inicio y fin de la información del programa. O1001: Número de programa para identificación.
- **G21**: Configuración para que todas las dimensiones estén en milímetros. G90: Indica que el programa usará coordenadas absolutas.
- **G28 G91 Z0 / X0**: Retorno al punto de referencia de la máquina.
- **T0101**: Seleccionar la herramienta número 1 y cargar el desplazamiento de la herramienta.
- **S1200 M03**: Establece la velocidad del husillo y la dirección de rotación.
- **G54**: Selecciona el offset de trabajo número 1.
- **M08**: Enciende el sistema de refrigeración.
- **G00**: Desplazamiento rápido a la posición de inicio del corte.
- **G01 Z-5 F150**: Comienza el corte en línea recta en el eje Z con un avance de 150 mm/min.
- **X50**: Continúa el corte en línea recta en el eje X.
- **G00 Z1**: Retira la herramienta de la pieza de trabajo rápidamente.
- **M09**: Apaga el sistema de refrigeración.
- **M30**: Fin del programa y resetea la máquina para comenzar de nuevo.

AutoCAD entra en juego como una herramienta integral en la fase de diseño y preparación de la manufactura CNC. Los dibujos técnicos creados en AutoCAD proporcionan no solo las dimensiones exactas y las formas de la pieza a fabricar, sino también las trayectorias teóricas que la herramienta debería seguir. Al traducir estos dibujos en instrucciones de código G y M, el programador manual está efectivamente transformando el diseño virtual en una serie de comandos que una máquina CNC puede ejecutar.

La precisión del diseño en AutoCAD asegura que el programador pueda definir con exactitud los movimientos de la herramienta y las posiciones de corte, reduciendo el riesgo de errores y mejorando la eficiencia del proceso de mecanizado. Además, las especificaciones detalladas en el plano de AutoCAD, como la ubicación de agujeros, ranuras y contornos orientan al programador en la selección de ciclos de corte específicos y en la programación de operaciones complejas de mecanizado.

AutoCAD permite una visualización detallada de la pieza terminada y una revisión del diseño antes de comenzar la programación, lo cual es esencial para planificar la secuencia de operaciones y para asegurar que todas las herramientas necesarias estén disponibles y configuradas correctamente. La capacidad de generar y revisar un modelo en 2D o incluso en 3D de la pieza dentro de AutoCAD también ayuda a identificar potenciales dificultades en el mecanizado y ajustar el diseño antes de que se realice la programación manual.

Recuerda

AutoCAD y la programación manual de CNC se interconectan estrechamente; AutoCAD proporciona la plantilla de diseño detallado necesaria para la creación de programas CNC precisos y eficientes. La programación manual toma esta plantilla y la aplica de manera práctica, convirtiendo las representaciones gráficas en piezas físicas mecanizadas.

6. Realización de superficies

En el contexto de mecanizado y diseño asistido por ordenador (CAD), la "Realización de superficies" se refiere al proceso de creación y manipulación de superficies complejas para piezas de trabajo. En AutoCAD y otros programas de CAD/CAM (*Computer-Aided Design and Computer-Aided Manufacturing*), esto podría abarcar desde la generación de formas 2D básicas hasta la modelación de superficies 3D complejas para aplicaciones de mecanizado.

En una estrategia de mecanizado, particularmente cuando se trabaja con AutoCAD que es predominantemente 2D, la realización de superficies implica varios pasos claves:

- **Diseño de la pieza**: Utilizar las herramientas de dibujo de AutoCAD para crear el contorno o perfil de la pieza que se va a mecanizar. Esto puede incluir líneas, arcos, círculos y otras formas que definan la geometría de la superficie.

- **Capas y organización**: Organizar los diferentes elementos del dibujo en capas separadas para controlar la visibilidad y el orden de mecanizado. Por ejemplo, se pueden tener capas separadas para contornos exteriores, agujeros interiores, ranuras, etc.

- **Asignación de herramientas**: En el proceso de CAM, se seleccionan las herramientas apropiadas para generar las superficies deseadas. Cada herramienta tendrá diferentes capacidades y limitaciones que afectarán la calidad y la precisión de la superficie.

- **Generación de trayectorias de herramienta**: Crear las trayectorias que la herramienta de corte seguirá para crear la superficie. En AutoCAD, esto se hace a menudo exportando la geometría a un *software* de CAM que se encargará de calcular la trayectoria de la herramienta.

- **Simulación**: Utilizar funciones de simulación disponibles en el *software* de CAM para verificar que las trayectorias de las herramientas produzcan el resultado deseado sin colisiones ni errores.

- **Exportación del código G**: Una vez validadas las trayectorias de las herramientas, se genera el código G que controlará la máquina CNC para crear las superficies físicamente.

- **Mecanizado real**: El código G se carga en la máquina CNC, y se realiza el mecanizado. Durante este proceso, la máquina sigue las instrucciones para crear la superficie de la pieza de trabajo cortando material según las especificaciones del diseño.

- **Inspección y calidad**: Tras el mecanizado, la pieza se inspecciona para asegurar que las superficies se han realizado correctamente según las dimensiones y tolerancias especificadas en el diseño de AutoCAD.

Recuerda

La realización de superficies en AutoCAD para aplicaciones de mecanizado se basa en el diseño preciso y detallado de la pieza y en la generación correcta del código G para producir la pieza final. La habilidad para diseñar y mecanizar superficies complejas es esencial en la fabricación moderna y requiere un conocimiento sólido tanto del *software* CAD como de las técnicas de CAM y CNC.

7. Generación de superficies complejas

La generación de superficies complejas es un proceso avanzado en el diseño asistido por ordenador (CAD) y la manufactura asistida por ordenador (CAM) que involucra la creación de geometrías que son más allá de simples figuras planas o formas básicas. Aunque AutoCAD es tradicionalmente conocido por su fortaleza en el diseño en 2D, también posee capacidades para manejar ciertas superficies 3D y modelado sólido.

En el proceso de generación de superficies complejas, se pueden seguir varios pasos clave:

- **Diseño conceptual**: Comienza con bocetos o ideas conceptuales que pueden ser dibujados en 2D o modelados básicos en 3D para definir la forma general y las características de la superficie.

- **Modelado de superficie en 3D**: Los diseñadores crean superficies complejas utilizando técnicas como el modelado de superficies NURBS, *splines*, y mallas poligonales. Estos métodos permiten la creación de superficies curvas y formas orgánicas.

- **Refinamiento de diseño**: Las superficies se ajustan y editan para cumplir con requisitos específicos de diseño y funcionamiento, como ajustes aerodinámicos, estéticos, o ajustes ergonómicos.

- **Ensambles y comprobación de interferencias**: En un entorno 3D, las superficies generadas se ensamblan con otras partes para crear un modelo completo y se comprueban las interferencias o colisiones.

- **Análisis y simulación**: Se realizan análisis estructurales, de flujo de fluidos, o dinámicos para entender cómo las superficies interactuarán con su entorno o soportarán cargas y tensiones.

- **Preparación para la fabricación (CAM)**: Las superficies complejas se preparan para la fabricación mediante la generación de trayectorias de herramientas que pueden manejar la geometría compleja, a menudo utilizando estrategias de mecanizado de 5 ejes.

- **Exportación a mecanizado (CNC)**: El *software* CAM exporta las trayectorias de herramientas en forma de código G que será interpretado por máquinas CNC para fabricar la superficie física.

- **Prototipado y producción**: Los modelos iniciales pueden ser creados utilizando técnicas de prototipado rápido, como la impresión 3D, para validar el diseño antes de pasar a la producción a través del mecanizado CNC u otros métodos de fabricación.

NURBS, acrónimo de *Non-Uniform Rational B-Splines* (B-*Splines* racionales no uniformes), es una tecnología matemática para generar y representar curvas y superficies. Son ampliamente utilizadas en el campo del modelado por computadora, incluyendo programas CAD (Diseño Asistido por Computadora) como AutoCAD, por su flexibilidad y precisión al modelar formas orgánicas y complejas que son difíciles de construir con solo primitivas o mallas poligonales.

En AutoCAD, NURBS se puede utilizar para crear curvas y superficies complejas. Por ejemplo, puedes usar el comando SPLINE para crear una curva NURBS suave que pase por una serie de puntos definidos. Las superficies NURBS en AutoCAD permiten a los usuarios modelar formas tridimensionales complejas y orgánicas que son más difíciles de representar con superficies poligonales o formas primitivas simples.

A continuación, se exponen los pasos básicos para trabajar con NURBS en AutoCAD para crear una curva.

- **Inicio de una curva SPLINE**: Puedes comenzar dibujando una curva SPLINE utilizando el comando SPLINE. Puedes acceder a este comando en la barra de comandos, escribiendo "SPLINE" y presionando Enter.

- **Selección de puntos de control**: AutoCAD te pedirá que selecciones los puntos por los que pasará la curva NURBS. Puedes hacer clic en la ubicación deseada en el espacio de trabajo para cada punto o puedes ingresar las coordenadas específicas para cada punto.

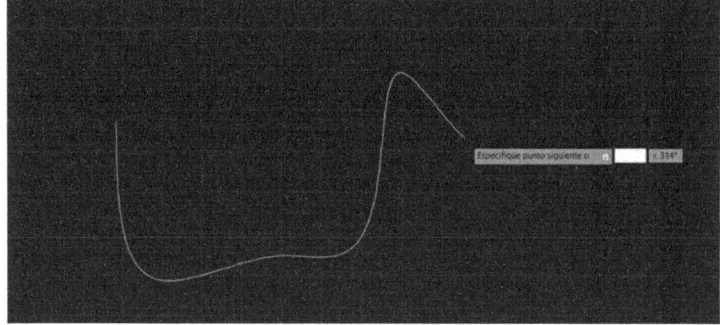

- **Ajuste de la curva**: Después de haber colocado los puntos de control, la curva se generará automáticamente. Puedes ajustar la curva manipulando los puntos de control para cambiar la forma de la curva NURBS.

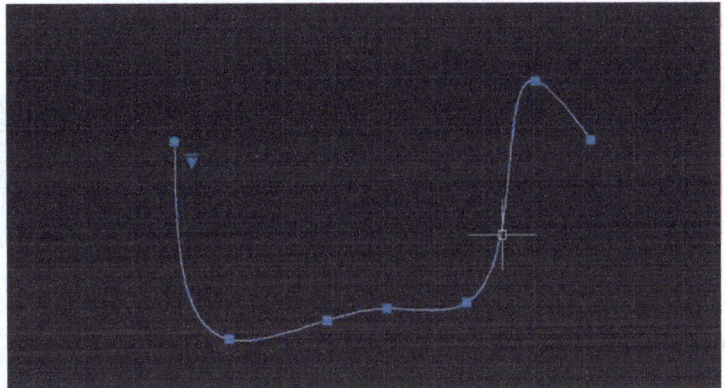

- **Creación de superficies NURBS**: Utilizando herramientas adicionales en AutoCAD, como REDSUPERF (red de superficies), puedes crear superficies NURBS que se extiendan entre múltiples curvas SPLINE.

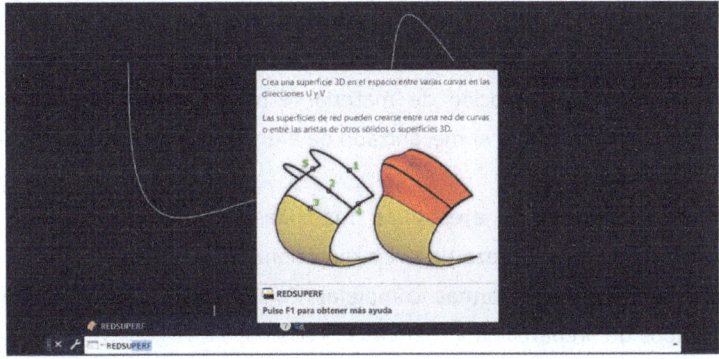

 **Anotación**

Este proceso se beneficia enormemente de las capacidades interactivas y visuales de los programas de CAD/CAM, permitiendo a los diseñadores e ingenieros visualizar, modificar y optimizar las superficies complejas antes de que la pieza sea fabricada.

8. Mecanizado mediante técnicas avanzadas

El mecanizado mediante técnicas avanzadas se refiere al uso de tecnologías y estrategias de vanguardia para fabricar piezas con geometrías complejas, tolerancias ajustadas y acabados superficiales de alta calidad. Estas técnicas pueden ser altamente automatizadas y dependen en gran medida de la interacción sofisticada entre el *software* de CAD/CAM y las máquinas herramientas CNC.

Fig. 3. El micromecanizado es fundamental en la industria electrónica y médica para la producción de componentes a microescala

A continuación, se detallan algunos de estos métodos avanzados:

- **Mecanizado de alta velocidad (*High-Speed Machining - HSM*)**: Se refiere a mecanizar a velocidades de corte extremadamente altas, lo que permite mayor tasa de remoción de material y mejor calidad de acabado. Esto es especialmente útil en el mecanizado de aluminio y otros materiales no ferrosos.

- **Mecanizado de 5 ejes**: Las máquinas de 5 ejes pueden mover una herramienta o una pieza en cinco direcciones diferentes simultáneamente. Esto permite mecanizar formas complejas en un solo amarre, lo que reduce los tiempos de preparación y mejora la precisión.

- **Micromecanizado**: Se trata del mecanizado de características muy pequeñas con herramientas de corte diminutas.

- **Electroerosión (EDM)**: Utiliza descargas eléctricas para mecanizar materiales conductores. Es ideal para materiales duros o delicados que serían difíciles de mecanizar con métodos tradicionales.

- **Mecanizado con láser y corte por chorro de agua**: Estas técnicas no convencionales utilizan haces láser o chorros de agua de alta presión, respectivamente, para cortar materiales. Ofrecen alta precisión y la capacidad de cortar una amplia variedad de materiales.

- **Mecanizado adaptativo**: Se ajusta automáticamente las condiciones de corte en tiempo real basándose en la retroalimentación de la carga de la herramienta. Esto maximiza la eficiencia de la herramienta y puede prolongar su vida útil.

- **Mecanizado asistido por ultrasonidos (*Ultrasonic Assisted Machining - UAM*)**: Combina la vibración ultrasónica con las fuerzas de corte convencionales para facilitar el corte de materiales duros y frágiles.

- **Manufactura aditiva (3D *Printing*)**: Aunque no es mecanizado en el sentido tradicional, la impresión 3D se ha convertido en una técnica complementaria importante en la fabricación. Permite crear geometrías que serían imposibles de mecanizar.

- **Robótica y automatización**: El uso de robots para cargar piezas, cambiar herramientas y realizar operaciones de mecanizado permite una mayor flexibilidad y reducción de costos en la producción.

- **Monitoreo y control de procesos en tiempo real**: Sensores avanzados y sistemas de monitoreo de procesos que miden variables como la fuerza de corte, la temperatura y la vibración, permitiendo ajustes en tiempo real para optimizar el mecanizado.

 Importante

Estas técnicas requieren una programación avanzada y conocimientos de mecanizado, así como una estrecha coordinación entre el diseño del producto, la planificación del proceso y el control de calidad. La integración de estas técnicas avanzadas puede resultar en mejoras significativas en eficiencia, calidad y capacidad para producir piezas que cumplen con especificaciones complejas y demandas de rendimiento.

Resumen

El *software* AutoCAD, reconocido tradicionalmente por sus capacidades en diseño 2D, también incluye herramientas para el modelado 3D y la creación de superficies complejas. AutoCAD se utiliza en el proceso de diseño, el cual es luego complementado por un *software* CAM específico para la fabricación.

El uso de AutoCAD en la generación de superficies complejas sigue un flujo de trabajo que comienza con el diseño conceptual, pasando por el modelado de superficies utilizando técnicas avanzadas como NURBS y *splines*, hasta el refinamiento de diseño y la preparación para la fabricación. Esto incluye la creación de ensambles virtuales, análisis de interferencias, y simulaciones para garantizar que las piezas cumplan con los requisitos de diseño y funcionamiento. Una vez completado el diseño, se preparan los datos para el mecanizado, donde el *software* CAM toma el relevo, generando trayectorias de herramientas y código G para máquinas CNC.

En cuanto al mecanizado, las técnicas avanzadas como el mecanizado de alta velocidad (HSM), mecanizado de 5 ejes, y electroerosión (EDM) son relevantes incluso para los usuarios de AutoCAD. Aunque el mecanizado directo no es una funcionalidad de AutoCAD, los diseños creados en AutoCAD a menudo requieren estas técnicas avanzadas para su realización física. Esto hace que AutoCAD sea una pieza central en el proceso de diseño, mientras que la ejecución y optimización de la fabricación se manejan a través de sistemas CAM que pueden interactuar con máquinas CNC y técnicas de mecanizado de última generación.

La implicación de AutoCAD en la manufactura moderna es un testimonio de su flexibilidad y su capacidad para adaptarse a la cadena de herramientas digital, que ahora demanda una interacción más fluida entre el diseño y la fabricación, incluso cuando se trata de tecnologías emergentes como la impresión 3D y la robótica. Con esto, AutoCAD continúa siendo relevante en la industria, sirviendo como un eslabón esencial en el desarrollo de productos, desde el concepto inicial hasta la producción final.

Glosario

Atributos (*Attributes*): Datos asociados con bloques en AutoCAD que pueden contener información variable, como números de parte o especificaciones.

CAM (*Computer-Aided Manufacturing*): El uso de *software* y sistemas computacionales para planificar, gestionar y controlar las operaciones de producción y fabricación, especialmente en relación con las máquinas-herramienta CNC.

CNC (Control Numérico Computarizado): Un método utilizado en la manufactura para controlar las máquinas herramientas mediante un *software* que programa y dirige los movimientos de la máquina basándose en instrucciones numéricas codificadas.

EDM (Electroerosión): Un proceso de fabricación que utiliza descargas eléctricas para moldear materiales conductores, ideal para materiales difíciles de mecanizar con métodos convencionales.

Mallas poligonales: Conjuntos de vértices, aristas y caras que definen la forma de un objeto 3D en gráficos por computadora y modelado CAD.

Manufactura aditiva: Tecnología de fabricación que construye objetos capa por capa, a menudo conocida como impresión 3D, lo que permite la creación de estructuras complejas que serían difíciles o imposibles de lograr con métodos de mecanizado tradicionales.

Mecanizado adaptativo: Una estrategia de mecanizado que ajusta las condiciones de corte basándose en la retroalimentación en tiempo real para maximizar la eficiencia y vida útil de la herramienta.

Mecanizado de 5 ejes: Una forma avanzada de CNC que permite el movimiento y control simultáneo de la herramienta de corte a lo largo de cinco ejes, lo que proporciona capacidades para producir formas geométricas complejas.

Micromecanizado: La fabricación de piezas o componentes muy pequeños y precisos, a menudo para la industria electrónica o médica, utilizando herramientas de corte especializadas y máquinas de alta precisión.

Modelado sólido: Un enfoque de modelado 3D que representa volúmenes sólidos de manera completa y sin ambigüedades, a menudo utilizado para piezas de ingeniería y diseño de productos.

Referencias externas (Xrefs): Archivos que están vinculados a un dibujo, pero no están contenidos físicamente dentro del archivo, lo que permite que varios usuarios trabajen en diferentes aspectos de un proyecto simultáneamente.

Splines: Curvas definidas matemáticamente que se utilizan para crear formas suaves y controladas en el modelado 3D. Pueden ser ajustadas a través de puntos de control.

Ejercicios de autoevaluación

1. ¿Qué permite la integración del CAD y CAM en AutoCAD?

a. Automatizar el proceso de diseño y fabricación.

b. Facilitar la comunicación por correo electrónico.

c. Facilitar la transición de la fase de diseño a la fabricación.

2. ¿Cuál es una de las funcionalidades básicas de AutoCAD?

a. Analizar datos de mercado.

b. Dibujar con precisión en 2D y 3D.

c. Hacer cálculos complejos de ingeniería.

3. ¿Qué tipo de superficies es capaz de manejar AutoCAD más allá de las figuras planas o formas básicas?

a. Solo superficies cúbicas.

b. Superficies 3D y modelado sólido.

c. Exclusivamente superficies cilíndricas.

4. En el proceso de generación de superficies complejas, ¿cuál es el primer paso?

a. Exportación a mecanizado (CNC).

b. Análisis y simulación.

c. Diseño conceptual.

5. ¿Qué métodos se utilizan en AutoCAD para la creación de superficies complejas?

a. Exclusivamente mallas poligonales.

b. Solo el modelado de sólidos.

c. NURBS, *splines* y mallas poligonales.

6. ¿Qué tipo de análisis se realiza para entender cómo las superficies interactuarán con su entorno en AutoCAD?

a. Análisis de color y textura.

b. Análisis estructurales, de flujo de fluidos, o dinámicos.

c. Análisis de mercado.

7. ¿Para qué se utilizan las estrategias de mecanizado de 5 ejes en la manufactura asistida por ordenador?

a. Para la generación de gráficos en 5D.

b. Para simplificar el diseño 2D.

c. Para manejar la geometría compleja.

8. ¿Qué exporta el *software* CAM para la fabricación en máquinas CNC?

a. Diseños en formato PDF.

b. Modelos en 3D MAX.

c. Trayectorias de herramientas en forma de código G.

9. ¿Qué técnica de prototipado rápido se menciona para validar el diseño antes de la producción?

a. Moldeo por inyección.

b. Impresión 3D.

c. Laminado.

10.¿Qué permite el mecanizado de alta velocidad (HSM)?

a. Reducción de la precisión del mecanizado.

b. Mayor tasa de remoción de material y mejor calidad de acabado.

c. Exclusivamente la producción de plásticos.

U. A. 6. Modelado de piezas en 3D

Introducción

La habilidad para diseñar y modelar piezas en tres dimensiones es fundamental en la industria moderna, permitiendo una visualización completa y detallada del objeto que se desea fabricar. La sexta unidad de aprendizaje está dedicada al estudio y la aplicación del modelado de piezas en 3D utilizando AutoCAD, una de las herramientas más potentes y versátiles en el campo del diseño asistido por ordenador.

En esta unidad aprenderemos a utilizar las estrategias de mecanizado para llevar los diseños del espacio virtual a la producción real. Abordaremos el proceso completo, desde la generación de un listado de averías que nos ayudará a prever y corregir errores, hasta la creación de fichas de fase para la planificación y seguimiento del proceso de fabricación.

Objetivos

- Desarrollar competencias en el modelado avanzado de piezas en 3D en AutoCAD, capacitando a los estudiantes para que apliquen técnicas de mecanizado en 3D que son esenciales para la fabricación digital.
- Proporcionar conocimientos prácticos sobre la generación y utilización de documentación técnica y de procesos asociada al mecanizado en 3D.

1. Estrategias de mecanizado en 3D

El mecanizado en 3D es un proceso complejo que implica la remoción de material de un bloque sólido para dar forma a una pieza final con precisión milimétrica. Esta tarea no solo requiere un dominio del *software* de diseño sino también un conocimiento profundo de las estrategias y herramientas de mecanizado que aseguran la eficiencia y calidad del producto final.

El mecanizado en 3D se puede dividir en dos etapas principales: desbaste y acabado.

- **Desbaste**: El desbaste es la primera fase, donde se remueve la mayor cantidad de material de manera rápida, sin buscar un acabado perfecto. Las estrategias de desbaste en 3D deben diseñarse considerando la máxima eficiencia en la eliminación de material y la mínima carga sobre la herramienta y la máquina. En AutoCAD, esto se traduce en la creación de trayectorias de corte optimizadas que maximicen la velocidad de avance y minimicen el tiempo de inactividad.

- **Acabado**: Después del desbaste viene el acabado, que consiste en dar a la pieza las características finales de superficie, con un alto nivel de detalle y precisión. Las estrategias de acabado se centran en obtener la calidad superficial deseada y la tolerancia dimensional. Esto puede implicar el uso de trayectorias de herramientas más complejas y varias pasadas con diferentes herramientas.

Por otro lado, seleccionar la herramienta adecuada y los parámetros de corte correctos es vital en el mecanizado en 3D. Esto incluye la elección del tipo de fresa, el material de la herramienta, el diámetro, el número de filos de corte, la velocidad de rotación (RPM), la velocidad de avance (mm/min), la profundidad de corte, y el avance por diente.

 **Importante**

Las decisiones sobre la herramienta adecuada y los parámetros de corte correctos deben tomarse basándose en el material de la pieza, el tipo de máquina disponible y la forma final deseada.

Fig. 1. La capacidad de personalizar las trayectorias de las herramientas para adaptarse a la geometría de la pieza es uno de los aspectos más poderosos del mecanizado en 3D

El mecanizado en 3D con AutoCAD permite al usuario programar trayectorias de herramientas que sigan contornos complejos y cambiantes. La estrategia puede variar desde trayectorias de mecanizado paralelo, que son adecuadas para superficies planas o de inclinación gradual, hasta mecanizado en espiral o radial para superficies más complejas.

Antes de enviar el diseño a la máquina, es crucial simular el mecanizado en el *software*. Esto ayuda a identificar y corregir posibles errores o colisiones, lo cual es esencial para la seguridad y para evitar desperdicio de material y tiempo. AutoCAD y sus complementos de mecanizado ofrecen opciones de simulación avanzada que muestran virtualmente cómo la herramienta se moverá a través del material.

Finalmente, la optimización es un aspecto continuo del mecanizado en 3D. Buscar maneras de reducir el tiempo de mecanizado y el desgaste de la herramienta sin sacrificar la calidad del producto es un objetivo clave. Esto puede implicar ajustar las trayectorias de la herramienta, alterar los parámetros de corte, o incluso rediseñar ciertas características de la pieza para mejorar la eficiencia de mecanizado.

Recuerda

Recuerda que AutoCAD se utiliza principalmente para el diseño en 2D y 3D, y para estrategias de mecanizado detalladas o simulaciones CAM, normalmente se utilizaría *software* adicional especializado en CAM, como *Autodesk Inventor* o *Fusion* 360, que están integrados con AutoCAD en la suite de *software* de *Autodesk*.

Se te va a solicitar que rellenes unos campos de datos referidos a tu información personal y posteriormente podrás instalar el programa gratuitamente:

Al dominar las estrategias de mecanizado en 3D, los usuarios de AutoCAD pueden aumentar significativamente su productividad y calidad en la fabricación de piezas complejas. La enseñanza de estas técnicas se enfoca no solo en la capacidad para operar el *software* sino también en entender los fundamentos del mecanizado y la producción, asegurando que los diseños creados sean tanto prácticos como manufacturables.

Anotación

Un ejemplo práctico sencillo de mecanizado en 3D en AutoCAD sería el diseño y la preparación de una pieza mecánica básica como un "Portaobjetos con cavidad circular". Este es un objeto común en talleres y laboratorios que sirve para sostener diferentes elementos mientras se trabaja con ellos. La pieza podría tener una cavidad central para colocar un objeto y unas ranuras radiales para facilitar su manipulación.

A continuación, se desarrollan los pasos a seguir:

Paso 1: Diseño de la pieza en 3D

Para la creación de la base del portaobjetos:

1. En la interfaz, busca una opción que diga "De textura cuadrada", ya que esta herramienta permite crear una forma rectangular ajustando las dimensiones al colocarla en el espacio de trabajo.

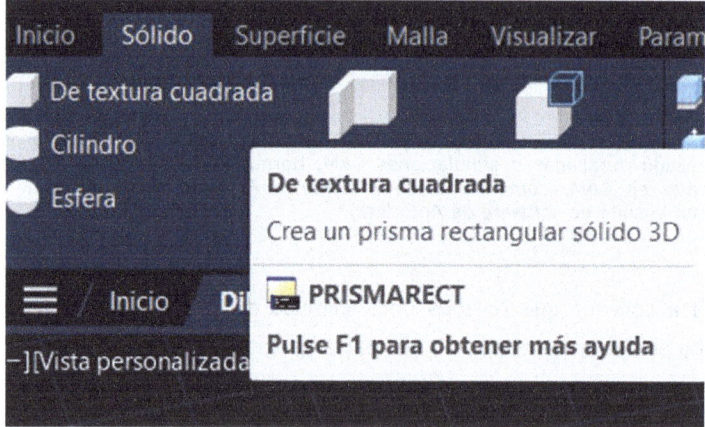

2. Crea un sólido rectangular con dimensiones específicas, por ejemplo, un prisma de base rectangular de 1500 mm de largo, 1000 mm de ancho y 400 mm de alto.

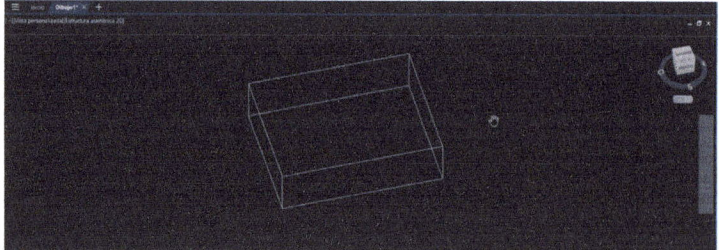

Para la cavidad central:

1. Utiliza la herramienta "Cilindro" para crear un cilindro en la ubicación deseada sobre la base del portaobjetos.

2. Este cilindro tiene un diámetro de 200 mm y una altura que coincide con la altura de la base (250 mm).

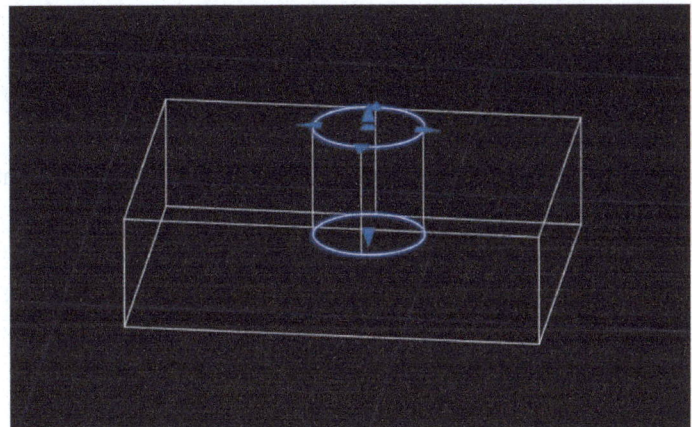

Para restar este cilindro del bloque y crear una cavidad, usa la operación booleana "DIFERENCIA":

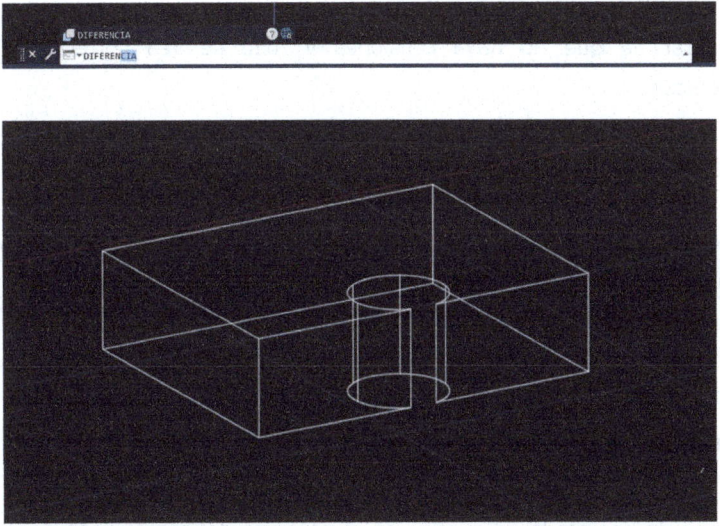

Paso 2: Estrategias de desbaste

A continuación, se expone conceptualmente cómo se aplicarían las estrategias de desbaste en el módulo CAM:

1. Seleccionar una herramienta de desbaste y configurar los parámetros de corte.

2. Generar las trayectorias de la herramienta de manera conceptual, enfocándose en la remoción del material alrededor de la cavidad.

Paso 3: Estrategias de acabado

A continuación, se expone conceptualmente cómo se aplicarían las estrategias de acabado en el módulo CAM:

1. Elegir una herramienta de acabado, ajustando los parámetros para un acabado fino.
2. Crear las trayectorias de la herramienta de acabado.
3. Generar las operaciones de acabado teniendo en cuenta la calidad superficial deseada.

Paso 4: Simulación

1. Realizar una simulación en AutoCAD para verificar la correcta mecanización de la pieza.
2. Asegurar de que no haya colisiones y todo se vea correcto durante la simulación.

Paso 5: Optimización y preparación para la fabricación

1. Revisar las trayectorias de la herramienta y los tiempos de mecanizado.
2. Ajustar las trayectorias para optimizar el tiempo de mecanizado y reducir movimientos noproductivos.
3. Generación del listado de averías.

2. Generación del listado de averías

La generación de un listado de averías en el contexto del mecanizado en 3D es una parte crucial del proceso de aseguramiento de la calidad. Esta práctica implica la creación de una lista exhaustiva de posibles errores o problemas que pueden ocurrir durante el mecanizado de una pieza. El objetivo es anticipar y prevenir fallos en el proceso de fabricación, lo que resulta en ahorro de tiempo, material y recursos financieros.

El primer paso es la identificación de las potenciales averías, que pueden ser de naturaleza diversa, desde errores de programación hasta fallas en el material o desgaste de la herramienta. En el mecanizado en 3D, las averías comunes incluyen:

1. Colisiones entre la herramienta y la pieza o los elementos de la máquina.
2. Desviaciones dimensionales debido a la deflexión de la herramienta o a la elección incorrecta de los parámetros de corte.
3. Errores en las trayectorias de la herramienta que pueden resultar en un mecanizado inadecuado.
4. Fallos en la fijación de la pieza, causando movimientos durante el proceso de mecanizado.
5. Problemas de calidad superficial debido a vibraciones o selección inapropiada de la velocidad de avance.

Una vez identificadas, estas potenciales averías se documentan en un listado que incluye la descripción del problema, las condiciones en las que puede ocurrir, y las acciones preventivas o correctivas que deben tomarse. Este documento se convierte en una herramienta para los operarios, programadores y técnicos de calidad, ayudándoles a entender y controlar los riesgos del proceso de mecanizado.

A continuación, se expone un ejemplo práctico de cómo se podría generar un listado de averías en el contexto del mecanizado en 3D.

1. Identificación de las averías potenciales

- **Avería**: Colisión entre la herramienta y la pieza.
- **Condiciones**: Esto puede ocurrir si la programación de la trayectoria de la herramienta es incorrecta.
- **Acciones preventivas/correctivas**: Revisar y verificar la programación antes de iniciar el mecanizado.

2. Documentación de las averías

- **Avería**: Desviaciones dimensionales.

- **Condiciones**: Esto puede suceder debido a la deflexión de la herramienta o a la elección incorrecta de los parámetros de corte.
- **Acciones preventivas/correctivas**: Asegurarse de que los parámetros de corte son los adecuados para el material y la herramienta utilizada.

3. **Control de las averías**

- **Avería**: Fallos en la fijación de la pieza.
- **Condiciones**: Esto puede causar movimientos durante el proceso de mecanizado.
- **Acciones preventivas/correctivas**: Comprobar la fijación de la pieza antes de iniciar el mecanizado.

El listado de averías debe estar disponible y ser consultado durante todo el proceso de diseño y programación del mecanizado en 3D. La implementación de este listado incluye:

- Verificar cada ítem del listado durante la fase de diseño y programación.
- Revisar la configuración de la máquina y el montaje de la pieza para prevenir errores de fijación.
- Utilizar el listado como una *checklist* antes de comenzar el mecanizado real.
- Actualizar el listado con base en la retroalimentación y las incidencias encontradas durante la producción.

Anotación

El principal beneficio de mantener y utilizar un listado de averías es la prevención proactiva de fallos. Permite a los fabricantes ajustar el proceso de mecanizado antes de que los errores ocurran, mejorando así la eficiencia y reduciendo los costos asociados con las reparaciones de piezas defectuosas y el tiempo de inactividad de la maquinaria.

En conclusión, la generación del listado de averías en el mecanizado en 3D es un paso crítico en el control de calidad. Al combinar las capacidades de AutoCAD para simular y analizar el mecanizado con una documentación cuidadosa de los potenciales problemas, los diseñadores y operarios pueden asegurar un proceso más confiable y eficiente.

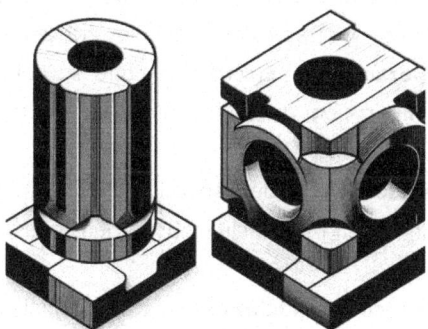

Fig. 2. Es importante minimizar el maquinado creando diseños simples sin pasos adicionales

3. Generación de fichas de fase

Las fichas de fase en el ámbito del mecanizado y la fabricación son documentos técnicos que detallan las operaciones específicas, secuencias de trabajo, herramientas y parámetros a seguir en cada etapa del proceso de mecanizado de una pieza. Estos documentos son esenciales para la estandarización de procesos y aseguran que todas las partes interesadas tengan una comprensión clara de las operaciones de mecanizado a realizar.

Una ficha de fase típicamente incluye una identificación detallada de la operación, el equipo necesario, las instrucciones paso a paso del proceso, los controles de calidad a realizar, y las firmas o aprobaciones requeridas. En el contexto del mecanizado en 3D, una ficha de fase contendrá:

- **Identificación de la fase**: Un código o nombre que identifique la fase del proceso de mecanizado a la que se refiere la ficha.
- **Descripción de la operación**: Detalles claros sobre qué se realizará en esa fase específica, por ejemplo, "Desbaste de la cavidad principal" o "Acabado de superficies de contacto".

- **Herramientas y equipos**: Listado de las herramientas de corte necesarias, así como cualquier otro equipo especializado requerido, incluyendo su configuración y condiciones.
- **Parámetros de mecanizado**: Velocidad de corte, velocidad de avance, profundidad de pasada, y otras especificaciones críticas para la operación.
- **Secuencia de operaciones**: El orden en que se deben realizar las tareas, incluyendo la configuración de la máquina, el montaje de la pieza, y las trayectorias de corte.
- **Controles de calidad**: Puntos de inspección y los estándares de calidad que la pieza debe cumplir en esa fase, incluyendo dimensiones, tolerancias y aspectos superficiales.
- **Observaciones y recomendaciones**: Notas adicionales que puedan servir de guía o advertencia a los operarios durante la ejecución de la fase.
- **Responsables**: Los roles o personas encargadas de realizar y verificar la operación.

 Ejemplo

Imagina que una empresa de fabricación de componentes aeroespaciales necesita producir una serie de bridas de titanio con una precisión muy alta. Para este proyecto, la empresa crea fichas de fase para cada paso del mecanizado de estas bridas.

Una de las fichas de fase podría ser para la operación de "Desbaste de la cavidad central de la brida". El documento incluiría:

- Identificación de la fase: "Desbaste-001"
- Descripción de la operación: "Se removerá el material excedente del bloque de titanio para formar la cavidad central preliminar de la brida."
- Herramientas y equipos: "Torno CNC modelo X, fresa de desbaste de carburo, sistema de refrigeración."
- Parámetros de mecanizado: Velocidad de corte de 200 m/min, velocidad de avance de 0.5 mm/rev, profundidad de pasada de 5 mm.
- Secuencia de operaciones: "1. Configurar el torno CNC con la fresa indicada.
- Fijar el bloque de titanio en el torno. 3. Realizar el desbaste según la trayectoria programada."
- Controles de calidad: Inspección de la cavidad por metrología digital para verificar que las dimensiones son correctas con una tolerancia de +/- 0.01 mm.
- Observaciones y recomendaciones: "Verificar el desgaste de la herramienta después de cada pasada debido a la dureza del titanio."
- Responsables: "Operador de CNC: Galadriel Rubio, Inspector de calidad: Ricardo Cabrera."

AutoCAD, como herramienta de diseño asistido por ordenador, puede ser utilizado para generar parte de la información que se incluirá en las fichas de fase.

Fig. 3. AutoCAD actúa como un puente entre el diseño y la fabricación, permitiendo una planificación detallada y una comunicación efectiva de las especificaciones del proceso de mecanizado

Se pueden usar sus funciones para:

- Extraer dimensiones y tolerancias directamente del modelo 3D para asegurarse de que las especificaciones de calidad están alineadas con el diseño.
- Visualizar y definir las trayectorias de herramienta que serán documentadas en la ficha de fase.
- Crear dibujos o gráficos explicativos que ilustren las configuraciones de herramientas o la colocación de la pieza en la maquinaria.
- Usar AutoCAD puede ser muy útil para la preparación de fichas de fase en un entorno de mecanizado.

A continuación, se expone cómo se pueden utilizar estas capacidades de AutoCAD.

1. Extraer dimensiones y tolerancias del modelo 3D

- **Abrir el modelo**: Inicia AutoCAD y abre el modelo 3D de la pieza que se va a fabricar.

- **Usar anotar**: Ve a la sección 'Anotar' y selecciona las herramientas para crear dimensiones. Estas dimensiones son asociativas y se actualizarán automáticamente si se modifican las geometrías del modelo.

- **Dimensiones de detalle**: Aplica opciones de dimensionamiento ('Acotar Lineal', 'Acotar Alineada', 'Acotar Radio', 'Acotar Diámetro', etc.) en áreas específicas del modelo donde se requieran medidas precisas.

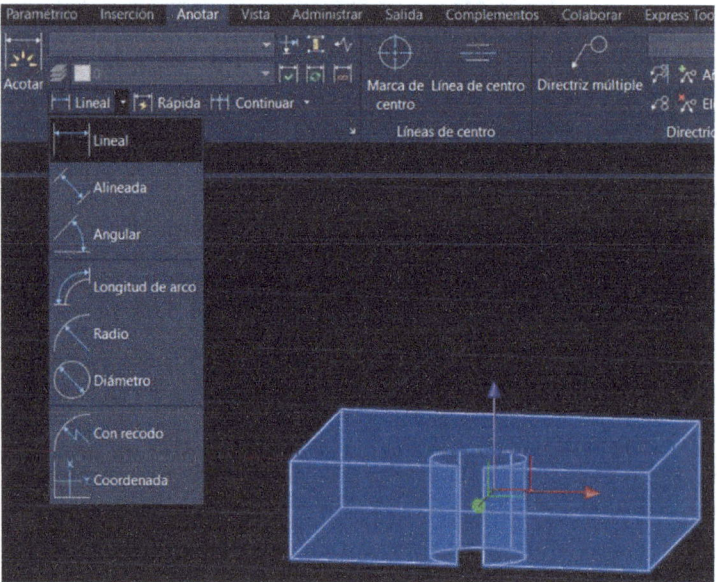

- **Exportar anotaciones**: Exporta las anotaciones y dimensiones a un documento (como una hoja de cálculo o una tabla) que se puede adjuntar a las fichas de fase.

2. Visualizar y definir trayectorias de herramienta

- **Modelado 3D**: Usa las funciones de modelado 3D de AutoCAD para visualizar y simular el proceso de mecanizado.
- **Dibujar trayectorias**: Crea las trayectorias de la herramienta en el modelo, que deben seguirse durante la fase de mecanizado.
- **Ajustar geometrías**: Modifica las trayectorias de corte para optimizar el proceso y prevenir posibles colisiones.
- **Organizar en capas**: Organiza las diferentes operaciones de mecanizado en capas separadas dentro de AutoCAD para mantener un diseño claro y estructurado.
- **Documentación de trayectorias**: Guarda y documenta las trayectorias para su uso por parte de programadores de CNC y operarios de maquinaria.

3. Crear dibujos o gráficos explicativos

Para generar dibujos o gráficos puedes usar los siguientes iconos:

- **Vistas en sección**: Genera secciones del modelo 3D para ilustrar la configuración de montaje y la colocación de las herramientas.
- **Dibujos detallados**: Elabora dibujos que muestren las posiciones iniciales de la pieza y la ubicación de las herramientas durante el proceso.
- **Gráficos de proceso**: Crea diagramas que detallen el flujo del proceso de mecanizado, incluyendo el orden de operaciones y puntos de control de calidad.
- **Anotaciones y leyendas**: Añade textos explicativos para ofrecer instrucciones claras sobre el proceso.

- **Impresión y exportación**: Prepara los dibujos para impresión o exportación como PDF para ser incluidos en las fichas de fase, proporcionando una guía detallada al personal de taller.

En conclusión, la generación de fichas de fase es una práctica fundamental en la industria de mecanizado en 3D que ayuda a organizar la producción, mantener altos estándares de calidad y comunicar de manera efectiva las instrucciones técnicas a todo el personal involucrado.

 **Importante**

Las fichas de fase son vitales en el mecanizado en 3D porque proporcionan un marco de referencia que ayuda a minimizar los errores y aumentar la eficiencia del proceso de producción. Ayudan a los operarios a comprender y seguir con precisión los pasos necesarios en cada fase, asegurando que las piezas sean producidas con consistencia y calidad. Además, estos documentos facilitan la trazabilidad y la gestión del conocimiento dentro de la empresa, ya que registran los procedimientos establecidos y permiten una fácil revisión y mejora de los procesos.

4. Optimizaciones

La optimización en el diseño y mecanizado asistido por ordenador es un paso fundamental para mejorar la eficiencia, reducir costes y aumentar la productividad en la fabricación de piezas. En el contexto de modelado de piezas en 3D, la optimización puede abarcar desde la mejora de los modelos CAD hasta la afinación de los procesos CAM.

- **Optimización del diseño (CAD)**: La optimización en la fase de diseño se enfoca en la creación de modelos 3D que no solo sean funcionales y estéticos, sino también fáciles de fabricar y montar. Se busca reducir la complejidad de fabricación sin comprometer la integridad estructural o funcional de la pieza. Esto implica el análisis de elementos finitos (FEA) para optimizar la distribución del material y la resistencia mecánica, y la utilización de herramientas de diseño para minimizar la cantidad de material sin sacrificar la durabilidad.

- **Optimización del mecanizado (CAM)**: En cuanto al mecanizado, la optimización implica seleccionar las estrategias más eficientes para la eliminación de material, ajustar los parámetros de corte como las velocidades y avances, y planificar las trayectorias de las herramientas para minimizar los tiempos muertos y las posibilidades de colisión.

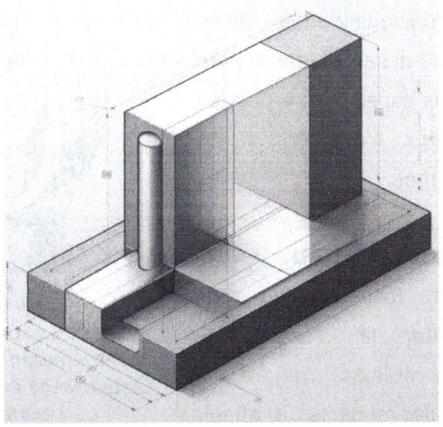

Fig. 4. La imagen representa la esencia de la optimización del diseño CAD, donde la funcionalidad, estética y facilidad de construcción convergen

 **Anotación**

El uso de simulaciones en el *software* CAM permite prever y corregir posibles errores antes de que la pieza sea fabricada.

- **Análisis de costo-eficiencia**: Además, la optimización también se relaciona con el análisis de costo-eficiencia, buscando el equilibrio entre los costos de producción y la calidad final del producto. Esto puede significar la elección de herramientas de corte que ofrezcan una vida útil más larga o la reconfiguración de los procesos para aprovechar mejor las capacidades de la maquinaria disponible.

5. Complementos de CAD-CAM-CAE

Los complementos de CAD-CAM-CAE son extensiones o módulos adicionales que se integran en el *software* de diseño y mecanizado para ampliar sus capacidades o añadir nuevas funcionalidades. Estos complementos son desarrollados para satisfacer necesidades específicas y pueden abarcar desde análisis avanzados hasta automatización de tareas.

Fig. 5. La complejidad y precisión de la pieza mecánica de la imagen ilustran el potencial de los complementos CAM para perfeccionar la fabricación CNC

- **Complementos de CAD**: En el entorno CAD, los complementos pueden facilitar la creación de geometrías complejas, mejorar la visualización de modelos, o añadir herramientas específicas de cálculo o validación de diseño. Ejemplos pueden incluir módulos para el diseño paramétrico avanzado, optimización topológica, o integración con bases de datos de materiales.

- **Complementos de CAM**: Los complementos CAM ayudan a extender las capacidades de programación CNC, ofreciendo algoritmos especializados para el mecanizado de alta velocidad, estrategias de mecanizado específicas para ciertas geometrías, o incluso soluciones personalizadas para la gestión de herramientas y recursos.

- **Complementos de CAE**: En el ámbito del CAE, que se centra en la simulación y análisis de ingeniería, los complementos pueden incluir *software* de análisis de elementos finitos (FEA), dinámica de fluidos computacional (CFD), y optimización multidisciplinaria. Estos complementos son cruciales para validar el diseño y predecir el comportamiento en condiciones reales de funcionamiento.

En conclusión, tanto las optimizaciones en CAD-CAM como la implementación de complementos especializados son elementos clave en el impulso hacia una fabricación más eficiente, precisa y rentable. Permiten a los ingenieros y diseñadores sacar el máximo provecho de las herramientas de *software* disponibles, adaptándose a las necesidades específicas de cada proyecto y manteniendo la competitividad en un mercado en constante evolución.

 Anotación

La integración efectiva de estos complementos puede llevar a una automatización significativa del proceso de diseño y fabricación, permitiendo a las empresas adaptarse rápidamente a los cambios de diseño, reducir los tiempos de desarrollo de productos y asegurar que las piezas cumplan con los estándares de calidad y rendimiento requeridos.

La eterna disputa entre Mac y PC en el campo del diseño gráfico gira en torno a las capacidades y la flexibilidad de ambos sistemas. *Apple Macs* ofrece un control robusto del flujo de trabajo con herramientas integradas, mientras que los PCs con *Windows* destacan por su personalización y adaptabilidad (Vespa, 2023).

Para tomar una decisión informada al elegir un nuevo ordenador para diseño gráfico, considera los siguientes factores (Vespa, 2023):

- **Hardware y precio**: Los PCs son generalmente más baratos y accesibles, con múltiples opciones por debajo de los 1000 euros, incluyendo buenos procesadores y gráficos.

  Los *Macs*, en cambio, son conocidos por su pantalla Retina de alta calidad, aunque son más caros y con menos opciones en el mismo rango de precios. En rangos de precios más altos, las diferencias entre PCs y *Macs* de gama media-alta son menos notables.

- **Compatibilidad de *software***: La disponibilidad de aplicaciones de diseño gráficos es ahora similar en ambos sistemas, eliminando en gran medida la brecha de compatibilidad.

- **Actualización de *hardware*, complementos y periféricos**: Los PCs ganan en este ámbito debido a su flexibilidad para actualizaciones y personalización gracias a su uso de componentes estándar. Los *Macs* utilizan piezas específicas de Apple que pueden ser más costosas y difíciles de encontrar.

- **Seguridad y rendimiento**: Los *Macs* tienen la ventaja de ser más seguros y rápidos al arrancar el sistema, mientras que los PCsb requieren una buena protección antivirus.

- **Veredicto final**: VaA pesar de que los PCs ofrecen una mayor compatibilidad con una variedad de periféricos y sistemas, los *Macs* tienen una ventaja en seguridad y velocidad. El debate continúa, pero la elección depende de las prioridades personales y los requerimientos específicos de cada usuario de diseño gráfico (Vespa, 2023).

Resumen

El mecanizado en 3D es una parte crucial del diseño asistido por ordenador, que implica el uso de estrategias específicas para fabricar piezas a partir de modelos digitales tridimensionales. Se centra en seleccionar la herramienta adecuada, determinar la secuencia de operaciones óptima y establecer parámetros como la velocidad de corte y avance para garantizar la eficiencia y la precisión en la fabricación de piezas complejas.

La generación de un listado de averías es esencial para identificar y documentar posibles errores o problemas que puedan surgir durante el mecanizado. Se utiliza para prevenir fallas y para establecer procedimientos estandarizados de diagnóstico y corrección, lo que resulta en una mejora continua de la calidad y la confiabilidad del proceso de producción.

Las fichas de fase son documentos detallados que describen cada paso del proceso de mecanizado, incluyendo las herramientas necesarias, los parámetros de operación y los controles de calidad. Son vitales para la estandarización y trazabilidad de las operaciones de fabricación y para comunicar instrucciones claras al personal técnico.

La optimización en el diseño asistido por ordenador se refiere a la mejora continua del proceso de diseño y fabricación. En el diseño (CAD), esto puede significar la creación de modelos más eficientes y fáciles de fabricar. En el mecanizado (CAM), la optimización busca afinar las operaciones y parámetros para aumentar la productividad y reducir costos. Además, la consideración de coste-eficiencia es fundamental para equilibrar la calidad con los costos de producción.

Los complementos son herramientas adicionales que se integran en el *software* de CAD- CAM-CAE para extender sus capacidades. Pueden abarcar desde funciones especializadas en diseño hasta extensiones para la programación CNC avanzada y análisis de elementos finitos. Estos complementos son fundamentales para la personalización y automatización de procesos, permitiendo una producción más eficiente y ajustada a las necesidades específicas de cada proyecto.

Glosario

CAD: Diseño asistido por ordenador, se refiere al uso de *software* para crear, modificar, analizar u optimizar diseños de ingeniería.

CAE: Ingeniería asistida por ordenador, se utiliza para la simulación y análisis de tareas de ingeniería, como análisis de elementos finitos y dinámica de fluidos computacional.

Estrategias de mecanizado: Conjunto de técnicas y decisiones aplicadas durante la planificación del mecanizado que definen cómo y en qué orden se realizarán los cortes, qué herramientas se utilizarán y cómo se controlarán las máquinas para producir la parte deseada con eficiencia y precisión.

Fichas de fase: Documentos que detallan los pasos individuales, herramientas y parámetros involucrados en un proceso de fabricación particular. Permiten la estandarización de las operaciones y sirven como guía para los operarios.

Listado de averías: Un registro detallado de los fallos o defectos encontrados en un producto o proceso. En el contexto del mecanizado, se refiere al seguimiento de los errores que pueden ocurrir durante las operaciones de fabricación.

Mecanizado en 3D: Proceso de fabricación que utiliza herramientas de corte controladas por ordenador para eliminar progresivamente material de un bloque sólido, creando así una parte o pieza con dimensiones tridimensionales específicas.

Optimización: En el contexto del diseño y mecanizado, la optimización se refiere al proceso de ajustar los parámetros y el diseño para mejorar la eficiencia, reducir costos y tiempos de producción y maximizar la calidad.

Ejercicios de autoevaluación

1. ¿Qué se busca reducir en la optimización del diseño CAD?

    a. La eficiencia del modelo.

    b. La complejidad de fabricación.

    c. El número de herramientas usadas.

2. ¿Cuál es el objetivo principal de las estrategias de mecanizado en 3D?

    a. Aumentar el tamaño de las piezas.

    b. Mejorar la estética de las piezas.

    c. Asegurar la eficiencia y la precisión en la fabricación.

3. ¿Qué documento detalla cada paso del proceso de mecanizado?

    a. Planos de diseño.

    b. Listado de averías.

    c. Fichas de fase.

4. ¿Para qué se utiliza el listado de averías?

    a. Para controlar la calidad del diseño.

    b. Para identificar y documentar errores durante el mecanizado.

    c. Para detallar las funciones del *software* CAD.

5. ¿Qué implica la optimización en la fase de mecanizado CAM?

    a. Selección de estrategias para la eliminación de material.

    b. Reducción de la velocidad de las máquinas.

    c. Elección del tipo de material para la pieza.

6. ¿Qué analiza la optimización de costo-eficiencia?

   a. El equilibrio entre costos de producción y calidad del producto.
   b. La cantidad de material utilizado en el diseño.
   c. La durabilidad de las herramientas de diseño.

7. ¿Qué extienden los complementos de CAD-CAM-CAE?

   a. Las garantías del *software*.
   b. Las capacidades o funcionalidades del *software*.
   c. El tiempo de vida útil de las herramientas.

8. ¿Qué permite la integración de complementos en el diseño asistido por ordenador?

   a. La reducción de los costos laborales.
   b. Una mayor competitividad en el mercado.
   c. La disminución de la demanda de piezas.

9. ¿Qué se busca con la generación de fichas de fase?

   a. Aumentar la complejidad del diseño.
   b. Establecer procedimientos de diagnóstico.
   c. Comunicar instrucciones claras al personal técnico.

10.¿Qué se utiliza para prever y corregir posibles errores en CAM?

   a. Modelos CAD.
   b. Simulaciones.
   c. Listados de control de calidad.

Aplicaciones prácticas

Aplicación práctica 1. Uso de AutoCAD en el ámbito profesional

U. A. 1. Introducción

En el estudio de arquitectura en el que trabajas quieren implementar una herramienta para la creación de planos arquitectónicos, secciones, alzados y detalles constructivos.

A tu equipo y a ti se os ha ocurrido elaborar una presentación de AutoCAD. Esta debe incluir sus funcionalidades, herramientas y las ventajas que presenta en relación con el ámbito profesional.

Aplicación práctica 2. Diseño de interiores con AutoCAD

U. A. 2. Funciones comunes

Como diseñador de interiores necesitas crear un plano para una sala de estar con la herramienta AutoCAD.

Para comenzar, dibuja las cuatro paredes de la habitación usando segmentos de línea recta. Define dos puntos para cada pared.

Después, traza el contorno exterior de la habitación conectando las cuatro paredes para formar un rectángulo o cuadrado, dependiendo de las dimensiones.

A continuación, realiza las siguientes tareas:

- Añade una chimenea en el centro de la habitación. Para ello, utiliza la herramienta de rectángulo para dibujar el marco de la chimenea y la herramienta de línea para dibujar los bordes verticales y horizontales del fuego.
- La habitación debe tener una ventana en forma de arco o una puerta con un diseño superior curvo. Utiliza la herramienta de arco para representarlo. Para ajustar el tamaño de la ventana utiliza la herramienta de estirar.
- Coloca el sofá en una esquina. Para ello, utiliza la herramienta de desplazar para moverlo.
- Añade sillas idénticas alrededor del sofá. En primer lugar, crea una, y luego, copia las veces que sean necesarias. Si una de las sillas no está en la posición deseada, puedes rotarla para que quede en el ángulo correcto.
- Recuerda que tienes que incluir capturas de pantalla de todo el proceso llevado a cabo en la actividad.

Aplicación práctica 3. Asignación de materiales

U. A. 3. Ingeniería de procesos

Eres un diseñador 3D con gran experiencia que está formando a un compañero en el uso de AutoCAD 2024. Uno de los proyectos actuales es la creación del plano de una casa y necesitas asignar materiales a los objetos del diseño.

Explica a tu compañero cómo debería realizar este proceso. Para que lo entienda de manera práctica, añade capturas de todo el proceso para que pueda ver el paso a paso desde la herramienta.

Aplicación práctica 4. Personalización de espacios

U. A. 4. Técnicas de racionalización del diseño mecánico

Imagina que tienes una oficina con varios espacios y deseas incluir un escritorio de diseño estándar en diferentes áreas, con longitudes específicas para cada ubicación y diferentes materiales según el uso y la decoración de cada espacio.

Para ello, sigue los pasos que se exponen a continuación y recuerda adjuntar capturas de pantalla de todo el proceso.

1. **Diseñar el escritorio**. Primero, abre tu proyecto de AutoCAD con el plano de la oficina. Usa las herramientas "Línea" y "Rectángulo" para dibujar la forma básica del escritorio en vista de planta. Por ejemplo, podrías empezar con un rectángulo de 1.2 metros por 0.6 metros que sirva como la superficie principal del escritorio.

2. **Definir atributos**. Para poder especificar la longitud para cada escritorio, usa el comando ATRDEF. En la ventana que aparece, crea un nuevo atributo llamado "Longitud" y otro llamado "Material". Establece los valores predeterminados que serán genéricos, por ejemplo, "1.2m" para la longitud y "Madera" para el material. Asegúrate de marcar la casilla "Solicitar al usuario en el momento de la inserción".

3. **Crear el bloque**. Ahora que tienes el diseño básico y los atributos definidos, selecciona la geometría del escritorio y los atributos que acabas de crear. Luego, escribe el comando BLOQUE y en la ventana que aparece, nombra tu bloque como "Escritorio". Asegúrate de seleccionar un punto de base que tenga sentido, como una esquina del escritorio para facilitar su inserción en el plano.

4. **Insertar el bloque**. Ve a las diferentes áreas del plano donde desees colocar un escritorio. Escribe el comando INSERT o navega hasta el panel de herramientas y encuentra "Insertar bloque". En la lista de bloques disponibles, selecciona "Escritorio". Al hacer clic en el plano, se te pedirá que especifiques la longitud. Por ejemplo, para la recepción podrías querer un escritorio de "1.8m"

y en la sala de espera, uno más pequeño de "1.2m". Después de ingresar la longitud, también se te pedirá el material, como "Vidrio" para áreas de clientes y "Acero" para áreas de trabajo.

5. **Edición fácil**. Si después de haber insertado varios escritorios necesitas hacer cambios, simplemente selecciona el bloque en el plano y utiliza la paleta de propiedades para editar los valores de "Longitud" y "Material" según sea necesario. Esto puede incluir cambiar las dimensiones para ajustarse a un espacio nuevo o actualizar el material para coincidir con una nueva decoración de interiores.

Aplicación práctica 5. Programación manual de un torno CNC

U. A. 5. Modelado de piezas en 2D

Un taller necesita hacer un corte preciso en una pieza de metal. La pieza de trabajo ya ha sido montada y centrada en el torno CNC.

Tu tarea es completar la siguiente tabla con los códigos CNC para realizar el programa que efectuará el corte lineal.

- Completa la columna "Descripción" con la función de cada código CNC basado en la explicación del programa dada en el contenido.
- Completa la columna "Notas / Qué esperar durante la ejecución" con tus observaciones sobre lo que deberías ver o hacer cuando cada código se ejecute en el torno CNC.

Código CNC	Descripción	Notas / Qué esperar durante la ejecución
%		
O1001		
G21		
G90		
G28 G91 Z0		
G28 G91 X0		
T0101		
S1200 M03		
G54		
M08		
G00 Z1		
G01 Z-5 F150		
X50		
G00 Z1		
M09		
M30		

Aplicación práctica 6. Crear un modelo 3D

U. A. 6 Modelado de piezas en 3D

Tu empresa está colaborando con una empresa especializada en sistemas hidráulicos. Han solicitado el diseño de una brida de montaje personalizada para un nuevo sistema de tuberías que están instalando en una planta de procesamiento de alimentos. La brida se utilizará para conectar dos secciones de tubería con un diámetro exterior de 150 mm.

El objetivo es crear un modelo 3D en AutoCAD de una brida de montaje que cumpla con los requisitos de tamaño y tenga orificios para pernos de fijación.

Las especificaciones de diseño son las siguientes:

- Diámetro exterior de la brida: 220 mm.
- Grosor de la brida: 20 mm.
- Diámetro interior de la brida (para adaptarse a la tubería): 150 mm.
- Número de orificios para pernos: 8.
- Diámetro de los orificios para pernos: 18 mm.
- Distribución de orificios: Equidistantes en un círculo de 200 mm de diámetro centrado en la brida.

Para ello, sigue el procedimiento que se expone a continuación y no olvides añadir capturas de pantalla de cada uno de los pasos:

1. Abre AutoCAD y configura el espacio de trabajo para modelado 3D.
2. Comienza dibujando un círculo con un diámetro de 220 mm para el exterior de la brida.
3. Dibuja otro círculo concéntrico de 150 mm para el interior.
4. Dibuja un círculo guía de 200 mm de diámetro para la distribución de los orificios.
5. Ubica y dibuja 8 círculos de 18 mm de diámetro a lo largo del círculo guía para representar los orificios de los pernos.
6. Extruye el perfil de la brida 20 mm para crear la forma 3D.

7. Inspecciona el modelo en 3D desde diferentes ángulos para verificar medidas y forma.

8. Guarda el modelo en formato PDF para documentación.

Ejercicio de evaluación final

1. **AutoCAD ha revolucionado la manera de trabajar, permitiendo a los profesional:**

   a. Jugar videojuegos en 3D.

   b. Comunicarse en tiempo real con otros usuarios.

   c. Crear y visualizar diseños en 2D y 3D.

2. **¿Cuál fue uno de los impactos más significativos de AutoCAD en el diseño digital?**

   a. Permitió la ejecución del diseño asistido en PCs.

   b. Introdujo la realidad virtual en el diseño.

   c. Promovió el uso exclusivo de diseños en 2D.

3. **Antes del lanzamiento de AutoCAD, ¿en qué década comenzó a surgir el diseño asistido por ordenador?**

   a. 1950.

   b. 1960.

   c. 1970.

4. **En el ámbito de la ingeniería civil, ¿para qué se utiliza AutoCAD?**

   a. Para redactar informes.

   b. Para desarrollar planos que simulan edificaciones.

   c. Para calcular el presupuesto de proyectos.

5. ¿Qué profesionales, aparte de los arquitectos, utilizan AutoCAD para el diseño de espacios internos de un hogar?

    a. Periodistas.

    b. Fotógrafos.

    c. Diseñadores de interiores.

6. ¿Qué permite la herramienta Línea en el modo de dibujo de AutoCAD?

    a. Traza segmentos curvos.

    b. Crea círculos especificando el centro.

    c. Trazar segmentos de línea recta entre dos puntos definidos.

7. ¿Qué función realiza la herramienta Desplazar en el modo de modificar?

    a. Rota objetos alrededor de un punto base.

    b. Mueve objetos una distancia especificada en una dirección determinada.

    c. Cambia el tamaño de los objetos de manera proporcional.

8. En las funciones avanzadas de AutoCAD 2024, ¿dónde puedes acceder al Modelado 3D?

    a. Mediante la ruleta de la barra inferior.

    b. Desde la sección de Vista y dirigirte a Paletas.

    c. A través de la sección *Express Tools*.

9. ¿Qué herramienta de AutoCAD se emplea para incorporar dibujos de otros archivos?

    a. Anotaciones automáticas.

    b. Bloques.

    c. XREF.

10.¿Qué se consigue principalmente al emplear herramientas de anotación automática en AutoCAD?

a. Asegura que los dibujos externos estén siempre actualizados.

b. Ahorra tiempo y reduce posibles errores humanos en la anotación manual.

c. Facilita la organización del dibujo.

11.¿Qué permite la automatización de tareas en AutoCAD a los diseñadores y empresas?

a. Ejecutar una serie de comandos complejos con un solo clic o comando de teclado.

b. Compartir diseños automáticamente con clientes.

c. Incrementar el tiempo de formación requerido para nuevos usuarios.

12.¿Cómo contribuyen los bloques al proceso de diseño en AutoCAD?

a. Aumentando la necesidad de ajustes manuales.

b. Haciendo más complejo el manejo de datos.

c. Asegurando que los componentes comunes se utilicen de manera consistente.

13.¿Cuál es una función importante de los estándares en el diseño asistido por ordenador?

a. Aumentar la variabilidad de los diseños entre diferentes proyectos.

b. Facilitar la comunicación y prevenir malentendidos.

c. Restringir la creatividad del diseñador.

14.¿Qué es esencial en el desarrollo de productos en AutoCAD?

a. La publicidad del producto final.

b. La elección de colores para el diseño.

c. La precisión en las dimensiones y tolerancias.

15.¿Qué se utiliza comúnmente para el diseño de piezas en 3D en AutoCAD?

    a. Gráficos vectoriales estáticos.

    b. Texturización avanzada.

    c. Sólidos geométricos.

16.¿Qué permite el uso de capas en AutoCAD?

    a. Mejorar la velocidad del procesador.

    b. Crear efectos de iluminación realistas.

    c. Organizar elementos y tipos de información.

17.¿Cuál es un beneficio de los bloques y atributos en AutoCAD?

    a. Aumentar la carga de trabajo.

    b. Reducir la capacidad de almacenamiento del proyecto.

    c. Establecer una base de datos de piezas comunes.

18.¿Qué aspecto es fundamental en el modelado de productos con AutoCAD?

    a. La narrativa de *marketing* del producto.

    b. Las especificaciones técnicas detalladas.

    c. La colección de música de fondo durante el diseño.

19.¿Qué facilita el diseño en AutoCAD?

    a. Los cálculos manuales de resistencia de materiales.

    b. La visualización de proyectos antes de su construcción.

    c. La transmisión en vivo del proceso de diseño.

20.¿Para qué se utiliza principalmente el modelado de sólidos en AutoCAD?

a. Para crear animaciones de personajes.

b. Para el diseño de interiores exclusivamente.

c. Para el diseño mecánico de piezas y ensamblajes.

21.¿Cuál es la ventaja de utilizar referencias externas (*Xrefs*) en AutoCAD?

a. Permiten insertar comentarios de texto en el diseño.

b. Facilitan la colaboración manteniendo los archivos vinculados actualizados.

c. Aumentan la resolución de las imágenes insertadas.

22.¿Qué permite la automatización significativa del proceso de diseño y fabricación?

a. La adaptación a cambios de diseño.

b. El incremento en el número de diseños posibles.

c. La reducción de la calidad del producto.

23.¿Cuál es la finalidad de los complementos CAM?

a. Simplificar el diseño de la interfaz de usuario.

b. Extender las capacidades de programación CNC.

c. Reducir la necesidad de entrenamiento técnico.

24.¿Qué objetivo tiene el modelado de piezas en 3D en AutoCAD?

a. Representar únicamente la apariencia exterior de un diseño.

b. Crear un modelo digital que permite la visualización y análisis de una pieza desde cualquier ángulo.

c. Simplificar los diseños para reducir los tiempos de dibujo.

25. ¿Cuál de las siguientes opciones no es una ventaja del uso de simulaciones en AutoCAD 3D?

a. Identificación de posibles errores de diseño antes de la fabricación.
b. Aumento del tiempo de diseño y producción.
c. Ahorro de costes al evitar prototipos físicos innecesarios.

26. ¿Qué es una ficha de fase en el contexto de AutoCAD?

a. Un documento que describe los cambios en el diseño a lo largo del tiempo.
b. Un registro detallado de las versiones del *software*.
c. Una documentación que captura los detalles específicos de cada etapa del proceso de mecanizado.

27. En el proceso de optimización del diseño asistido por ordenador, ¿qué significa DFM?

a. Diseño para fabricación manual.
b. Diseño para fabricación.
c. Diseño de funcionamiento mecánico.

28. ¿Qué función tienen los complementos de CAD-CAM-CAE en AutoCAD?

a. Exclusivamente para el diseño de interfaces de usuario.
b. Para el dibujo manual de piezas y ensamblajes.
c. Para expandir las capacidades de AutoCAD en áreas específicas como análisis, simulación y manufactura.

29. ¿Cuál es el propósito de realizar un análisis de elementos finitos (FEA) en el modelado de piezas 3D con AutoCAD?

a. Predecir cómo una pieza resistirá cargas físicas y condiciones de uso sin necesidad de prototipos físicos.

b. Generar automáticamente las dimensiones de la pieza basadas en requisitos de diseño.

c. Reducir la cantidad de datos necesarios para almacenar los diseños de las piezas.

30. En el modo de anotación, ¿qué permite hacer la herramienta Acotar?

a. Agregar notas o detalles al dibujo.

b. Agregar dimensiones a objetos o espacios en el diseño para mostrar medidas.

c. Crear grupos de diferentes objetos.

Ejercicio de evaluación final

Solucionario

U. A. 1. Introducción

1. b	**6.** b
2. c	**7.** b
3. b	**8.** b
4. a	**9.** b
5. b	**10.** a

U. A. 2. Funciones comunes

1. b	**6.** c
2. c	**7.** c
3. a	**8.** b
4. c	**9.** b
5. b	**10.** b

U. A. 3. Ingeniería de procesos

1. b	**6.** b
2. c	**7.** c
3. a	**8.** a
4. a	**9.** c
5. b	**10.** b

U. A. 4. Técnicas de racionalización del diseño mecánico

1. b		**6.** b	
2. c		**7.** b	
3. b		**8.** b	
4. c		**9.** c	
5. b		**10.** b	

U. A. 5. Modelado de piezas en 2D

1. c		**6.** b	
2. b		**7.** c	
3. b		**8.** c	
4. c		**9.** b	
5. c		**10.** b	

U. A. 6. Modelado de piezas en 3D

1. b		**6.** a	
2. c		**7.** b	
3. c		**8.** b	
4. b		**9.** c	
5. a		**10.** b	

Bibliografía

Textos electrónicos

Ferri, J.A. y Auñon, J. E.T.S.I. CAMINOS, C. y PUERTOS (UPV). *Introducción al programa AUTOCAD* [En línea]. Dirección URL: <https://www.cam.upv.es/web/expl.aspx?id=_REPOSITORIO%5CMateriales%20Curso0%5C03.2%20Introduccion%20al%20Autocad%20V-2018%20para%20curso%200.pdf>

Webgrafía

AutoCAD 2024: novedades y funciones destacadas de la nueva versión
https://www.asidek.es/blog-autodesk-autocad-2024-novedades/

AutoCAD 2024. Todas las novedades que tienes que conocer
https://www.butic.es/autocad-2024-todas-las-novedades-que-tienes-que-conocer/

CAD vs CAE vs CAM: ¿Cuáles son las diferencias?
https://www.e3seriescenters.com/es/blog-de-ingenieria-electrica-moderna/cad-vs-cae-vs-cam-diferencias

¿Cómo convertir un objeto 3d en 2d en AutoCAD?
https://www.comocad.com/autocad/como-convertir-un-objeto-3d-en-2d-en-autocad/?utm_content=cmp-true

¿Cómo dibujar en 3D en AutoCAD?
https://curso-autocad.es/dibujar-3d-autocad/

Cómo Utilizar Correctamente las Capas de AutoCAD® ó *Layers*
https://www.aprendeacadrapido.com/blog/como-utilizar-correctamente-las-capas-de-autocad-o-layers/

Bibliografía

¿Qué es AutoCAD y cuáles son sus características principales?

https://www.3dnatives.com/es/autocad-cuales-caracteristicas-del-software-020420202/

¿Qué es AutoCAD y para que se utiliza?

https://formacad.es/que-es-autocad-y-para-que-se-utiliza/

¿Qué es AutoCAD y para qué sirve?

https://deingenierias.com/software/que-es-autocad-para-que-sirve-como-funciona/

¿Qué significan CAD, CAM y CAE en el mundo de la Ingeniería?

https://solidservicios.com/blog/te-has-preguntado-alguna-vez-que-significan-cad-cam-y-cae-en-el-mundo-de-la-ingenieria/

Tecnologías CAD, CAM yCAE: avances en microelectrónica y hardware

https://www.e3seriescenters.com/es/blog-de-ingenieria-electrica-moderna/cad-vs-cae-vs-cam-diferencias